日料主厨倾囊相授
普通食材大变身

笠原将弘的美味家庭料理

〔日〕笠原将弘 著
王 蕾 译

河南科学技术出版社
·郑州·

前言

走上料理之路已有三十余年。

当初，历经了九年的学习之后，我继承了家里的烤鸡肉串店，又经过不断摸索与钻研，开起了自己的料理店，并为之付出了忘我的努力。如今，我已拥有三家直营店，每日提供自己所做的美食以飨众多食客。同时，我还通过电视、杂志、书籍介绍和推广我持续不断推出的新菜谱。有许多读者喜欢我的书，为此我深感荣幸，也体会到了自己不忘初心、坚持至今的价值。

当然，店里提供的料理与家常菜是不同的。顾客专程来到我的店里，我便想让他们享用到与众不同的美味。所以，我精心选用上等食材，配以考究的餐具，尽最大可能让顾客领略到日本料理的味与美，让他们感到心满意足。

而家常菜是做给家人或自己的，无论准备程序还是制作步骤，都无既定模式，重点在于制作方便，因此应尽量减少烦琐的步骤。而且，选用较易买到的食材和调料即可。

为此，我写了这本书，融入了制作店面料理的技巧与要点，书中会明确揭示『只要这样做了就会变得好吃』的那些关键点。从给肉类和鱼类去腥的准备程序，到烹饪时的入味方法，再到搭配方式（日本料理界称之为『邂逅』），无一不是源自我在日本料理店的经验。只要用心，再加上些许技巧，便可使食物神奇般地变得美味，带给家人意外的惊喜。期待此书能够将这些技巧完美地呈现给读者。

看到店里食客开心满足的样子，我倍感幸福与欣慰。唯愿家人们品尝家常菜时的喜悦也能为烹饪者带来幸福感。

笠原将弘

目录

第1章 主厨的诀窍使家常菜与众不同 家常菜也可以如此美味

第2章 从日本美食的智慧中品味四季 应季蔬菜无需过多加工

【春】

【夏】

【秋】

【冬】

第3章 鸡肉料理是最佳美味

烤鸡肉串店少掌柜独家心法

第4章 鱼类最易烹饪

了解食材特性，大胆放手烹饪

本书的使用方法：

◎ 1小匙=5 mL、1大匙=15 mL、1杯=200 mL。

◎ “高汤”指日式高汤。请根据个人口味选用海带与干鲣鱼。

◎如未特别表述火候，则一律以中火烹制。

◎蔬菜的“清洗”“去皮”等步骤在食谱中均已省略。
　如无特别表述，则所述烹制工序中均包含该步骤。

◎如无特别表述，“面粉”均指低筋面粉。

◎“水淀粉”指将马铃薯淀粉以等量的水溶解。

◎“蛤蜊吐砂”指将蛤蜊浸于盐水中2~3小时使其吐砂，之后再摩擦外壳充分清洗。

◎用时指从准备至烹制完成所需的时间，具体因人而异，仅供参考。

第5章 米饭、面条作为单点料理

搭配出的别致与精美

第6章 下酒小菜信手拈来

善于发现，充分利用家中食材

第1章 家常菜也可以如此美味

主厨的诀窍使家常菜与众不同

市面上有许多菜谱，有的收录了日本家庭中最喜闻乐见的家常菜，做法千差万别，调味与工序也各不相同。

我首先考虑的是跳出菜式的『基础』这个固定概念。例如，本书第12页介绍的土豆焖肉。提起这道传统的土豆焖肉，有许多人会将牛肉切成薄片再进行烹制，但我想在此介绍的是土豆炖猪五花肉。猪肉的鲜香渗入蔬菜，味道丝毫不亚于牛肉，食材成本也大幅下降。另外，切记『煮焖前先将肉与蔬菜煎炒至上色』。做到这一点，便可做出更胜一筹的佳肴。将和食的技艺与诀窍用于家常食材，是最恰到好处的方式。

照烧鸡

「由带皮侧煎至七成熟。少许唿汁在很大程度上决定了菜品的味道。」

照烧鸡的主材料只有鸡腿肉，只要掌握了如何处理鸡肉，便可做得美味诱人。首先将鸡肉划花刀，使肉松弛。这样可避免肉遇热收缩，以取得最佳煎制效果。由带皮侧慢慢煎至上色，可缩短煎肉时间，使肉质松嫩多汁。肉皮煎得酥脆后酱汁会更容易渗入。以喼汁提鲜，喼汁的香料还可使味道更为醇厚。

材料（2人份）

鸡腿肉…1大根的量（约300 g）

面粉…适量

A
- 蒜泥…1/2小匙
- 清酒、味醂…各1/4杯
- 酱油…1⅓大匙
- 砂糖、喼汁…各2小匙
- 粗磨黑胡椒…1/3小匙

色拉油…1大匙

做法

1 将鸡肉不带皮侧朝上铺平，间隔1 cm左右划花刀，使肉松弛。整体裹面粉，并抖掉多余的面粉。

2 往平底锅中倒色拉油，烧热，将鸡肉带皮侧朝下放入，用锅铲按压，煎制7～8分钟，待皮上色后，翻面继续煎制3～4分钟，煎透后加入**A**。煮开后，用V形夹夹住鸡肉，一边翻转，一边沾裹上锅中汤汁，收汁关火。

3 切块装盘，根据个人口味加入切成小片的生菜、楔形的番茄块、蛋黄酱。

用时 20分钟

划花刀时，大胆尝试稍大间距，这样比小间距花刀所得的口感松软得多。

肉皮上色后稍待片刻再翻面。

将酱汁煮开帮助入味。

土豆焖肉

「焖煮前先将肉与蔬菜煎炒至上色至关重要。少翻动，慢烹饪，锁住鲜味，味道也更加浓郁。」

将肉煎炒至上色，可以提升香味，肉也更加鲜美。煎炒肉的目的是锁住鲜味。炖煮时，先将食材煎炒至上色同样至关重要，这也许有些出人意料。煎五花肉的平底锅内还留有肉香，直接将蔬菜放入，可使肉味浸润其中，煮制时也不易变成糊状。然后放入煎炒好的肉，加入高汤与调料，焖煮即可。盖上铝箔落盖（参见97页图片），可使香气浓郁的汤汁全面浸入食材。焖煮完成后，即可享受美味了。放至次日则美味更胜一筹。

「一次性放入蔬菜，慢慢煎炒至上色。」

「放入煎炒好的肉，焖煮即可。」

材料（2人份）

猪五花肉片…200 g
土豆（五月皇后）…2个
洋葱…1/2个
胡萝卜…1/2根
荷兰豆…6~12枚

A
高汤…2杯
清酒…1/2杯
酱油…3大匙
砂糖…2大匙

用时 25分钟

做法

1 将土豆、胡萝卜切成滚刀块，洋葱切成楔形块，荷兰豆去筋，猪肉切成适当大小。

2 平底锅内不放油，直接放入猪肉煎炒。先尽量少翻动，上色后出锅。

3 将土豆、洋葱、胡萝卜放入**2**的平底锅内炒制。少翻动，慢慢炒。

4 上色后放入炒好的猪肉，加入**A**，盖上铝箔落盖（参见97页图片），煮10分钟左右。然后放荷兰豆，煮3分钟左右。

汉堡牛肉饼

「不使用面包糠，以马铃薯淀粉挂糊。」

材料（一份12个）

猪肉、牛肉混合肉末…600 g
鸡蛋…2个
洋葱…2个
香菇…2个
盐…少许
清酒…1大匙
粗磨黑胡椒…少许
A 马铃薯淀粉、清酒…各1大匙
盐、胡椒粉…各适量
色拉油…适量
B 萝卜泥…4大匙
味醂…2大匙
清酒、酱油…各1大匙
〈配菜〉
水菜…1/2把
烤海苔…1整张
C 芝麻油…1大匙
炒白芝麻、盐…各适量

用时 30分钟

做法

1. 制作汉堡牛肉饼。将洋葱与香菇切成末，待平底锅中的色拉油烧热后放入翻炒。撒盐慢炒，炒好后放入方平底盘中稍微放凉。在大碗中放入肉末、炒好的洋葱与香菇、**A**、鸡蛋，将其混合均匀。然后分成12等份，以手沾油，将其整理为圆形。
2. 在平底锅中倒入1大匙色拉油，烧热后将**1**一一放入煎制。待两面上色后洒上清酒，盖好，以文火焖5分钟左右。
3. 取出汉堡牛肉饼，轻轻擦掉平底锅中多余的油，加入**B**煮开，做成料汁。
4. 将水菜切成5 cm长的小段，将烤海苔撕成适当大小，与**C**混合。
5. 将汉堡牛肉饼盛至容器内，加入**4**，淋料汁，撒黑胡椒。

玉子烧

全程保持大火，煎出的鸡蛋更为暄腾。

材料（2人份）

鸡蛋…3个

A 高汤…3大匙
砂糖…1大匙
酱油…1小匙

色拉油…适量

做法

1 将鸡蛋打入碗中，加入 **A** 后搅散。

2 用大火加热玉子烧煎锅，倒入色拉油，用厨房纸将其抹匀。

3 倒入1/3量的**1**，摊开，戳破鼓泡，待表面凝固后由远身端向近身端卷起。用带油的厨房纸擦拭玉子烧煎锅的空余部分，将煎好的鸡蛋移过去。然后用厨房纸将油抹至煎锅近身部分。

4 倒入剩余蛋液的1/2，掀起煎好的鸡蛋，使蛋液流至其下部，待半熟时由远身端向近身端卷起。再次重复相同的操作。

5 稍微放置后切成适当大小，装入容器中，根据口味加萝卜泥或淋酱油。

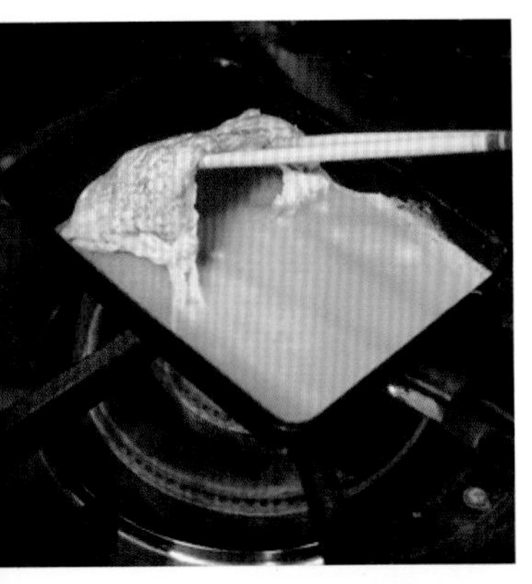

使蛋液流至煎好的鸡蛋下面，成为一体。

充分搅拌才能做出松软的肉饼。

鸡排

松软酥脆的秘诀是炸两遍。两遍之间，余热深入内部，虽显烦琐，但口味绝佳。

请一定要尝试下用含有红酒的大人口味料汁进行烧制。

鸡腿肉具有一定厚度，需要一定时间方可炸透。如持续炸制，肉质易变硬，因此中途捞出的环节尤为关键。我的做法是，炸5分钟后捞出，在油炸网上放置2分钟左右，待余热深入内部后，再炸3分钟左右。这样做出的鸡排肉质松软、面糊酥脆。这种具体到每一分钟的分段炸法略显烦琐，却正是做出『理想鸡排』的秘诀所在。

材料（2人份）

鸡腿肉…1大根的量（约300 g）
盐、粗磨黑胡椒…各少许
面粉…适量
A 鸡蛋…1个
　牛奶…1/4杯
生面包糠…适量
B 红酒…1/2杯
　味醂、酱油、番茄酱…各2大匙
炸制用油…适量

做法

1. 将**B**放入锅中，开火后煮2～3分钟，待冷却后做成酱汁。
2. 将鸡肉去皮后，纵切成两半。然后将不带皮侧朝上，铺平，从边缘起间隔1 cm划花刀，使肉松弛。然后均匀地撒上盐和黑胡椒。
3. 将**A**加入大碗中，混合成蛋液。在方平底盘中分别备好面粉、面包糠。将**2**依次滚上面粉、蛋液、面包糠，使之挂糊。
4. 将油倒入锅中，加热至170 ℃，将**3**放入，中途翻面，炸5分钟左右。捞出，放置2分钟左右后，再次放入170 ℃的油中，炸3分钟左右，捞出控油。
5. 切适当大小，装盘，蘸**1**食用。可根据口味添加卷心菜丝、去蒂小番茄、黄芥末酱。

用时 25分钟

将鸡腿肉切成两半后划花刀，避免无法炸透。

捞出放置后，再次炸制，面糊会非常酥脆。

筑前煮

芋头等根菜类食材必须提前煮至半熟，既能防止煮碎，又可使成品浓郁鲜香。

我要的是食材完整的筑前煮，因此根菜类食材必须提前预煮至半熟。如果不这样做的话，为了使这类食材入味，往往用时较长，导致食材在汤汁中相互碰撞而变碎。为保证食材受热均匀，切菜时须保证大小一致。蔬菜与肉先煎炒，锁住食材的鲜香之后再逼出浓醇。如此不仅味道鲜美，色泽亦佳。

提前煮至半熟。

煎炒时几乎不翻动。如多次翻炒，不仅浪费时间，还容易变形。

蔬菜煎炒至上色后，方可混合。

材料（2~3人份）

鸡腿肉…200 g
牛蒡…100 g
莲藕…100 g
胡萝卜…1/2根
芋头…2个
香菇…4个
芝麻油…1大匙

A 高汤…2杯
酱油、味醂…各40 mL
砂糖…1大匙

做法

1 将牛蒡去皮切成块，莲藕、胡萝卜、芋头切成块。香菇去柄切成适当大小，鸡肉切成小块。

2 将除鸡肉与香菇以外的**1**冷水下锅，煮开后转小火，煮5分钟后用笊篱捞出。

3 在平底锅中加入芝麻油，加热后将鸡肉带皮侧朝下，以较强的中火煎炒。上色后翻面，将另一面也煎炒上色。

4 加入**2**与香菇，先尽量少翻动，待香气四溢且上色后再翻动。

5 炒至全部食材均匀沾油后，加入**A**，盖上铝箔落盖（参见97页图片），以中火煮10分钟左右。待蔬菜变软后，以大火收汁。装盘，可按喜好放花椒芽点缀。

日式火炙生牛肉

「因牛肉淋醋后需以指腹拍打，故这道菜又被称为『牛肉半敲烧』。通过拍打既有助于去除多余的油，亦有助于去腥。」

在火炙后的牛肉上淋醋，然后用指腹轻轻拍打。『牛肉半敲烧』的别称由此而来，甚是有趣。需一边翻面一边拍打，如此既能去除多余的脂肪，又可使醋充分融入，给肉去腥，使菜品更为爽口。我不禁折服于前辈的智慧。切片时无需醒肉，散除余热即可。同时，为使牛肉与调料的味道充分融合，应将刀放平，尽可能地切成大的薄片。

侧面亦需煎至上色。

煎好后立即淋醋。

以指腹轻拍每一面7~8次。

材料（2~3人份）

牛后腿肉或牛柳…200 g
青紫苏…5片
蘘荷…2个
小葱…5根
萝卜芽…1/2袋
盐…适量
醋…2大匙

A
姜泥…1小匙
酱油…3大匙
醋…2大匙
柠檬汁、味醂…各2大匙
芝麻油…1小匙

做法

1. 将青紫苏切成丝，蘘荷切成薄圈，小葱切成葱花，萝卜芽切成1 cm长的小段，放入水中浸泡5分钟左右，用笊篱捞出。
2. 将牛肉表面撒盐。
3. 以大火加热平底锅后放入牛肉，用V形夹翻面，所有面煎烤至上色。
4. 放入盘中，趁热淋醋，以指腹轻拍所有面，使之全部沾上醋。
5. 从端部横平入刀切片，一边用手指轻压边缘一边展放于盘中，撒上**1**，将**A**混合后淋于表面。

用时 25分钟

青花鱼味噌煮

煮鱼一点也不难。煮前汆水去腥，然后放入煮开的汤汁中，即可做出美味的煮鱼。

煮鱼是我最爱的料理之一。大家都认为煮鱼很难，其实把握两个要点即可，放手去做，不必有所顾忌。鱼腥源于脂肪与鱼血，因此，煮鱼前汆水去腥非常关键。煮鱼时，将鱼放入煮沸的汤汁内，可使其表面迅速凝固，抑制腥味散发。为防止煮散，在煮制过程中请勿翻动。

汤汁煮开时，是放入青花鱼的最好时机。

最后放姜！否则会产生苦味。

材料（2人份）

青花鱼…2块
柿子椒…2个
生姜…1片

A	水…1杯
	清酒…1/2杯
	味噌…2大匙
	砂糖、酱油…各1大匙

做法

1 在青花鱼带皮侧划花刀，氽水，表面变色后取出。放入冰水中洗净，并去除多余油脂，然后擦干水。

2 将柿子椒纵切成两半，去蒂去籽，切成适当的小块。将生姜切成丝。

3 将**A**放入锅中，煮开后放入**1**，带皮侧朝上，盖上铝箔落盖（参见97页图片），以中火煮制。

4 煮制约10分钟后加入**2**，继续煮3分钟左右。

酱猪肉

「煮好后不宜立即食用，应待其放凉入味。」

材料（便于制作的量）

猪肩胛肉或小里脊…500 g × 2
鸡蛋…8个
洋葱…1个
生姜…10 g
干海带（高汤用）…5 g

A 水…10杯
清酒…360 mL

B 酱油…1 ½杯
味醂…120 mL
砂糖…10大匙

※放凉时间不计。

做法

1 用叉子将猪肉整体均匀插孔，以风筝线自端部绕圈捆扎。用平底锅煎烤至整体上色。将洋葱切成薄片，生姜切成丝。

2 在锅中放入**A**、猪肉、洋葱、生姜、干海带后点火，开锅后煮30分钟，其间撇除浮沫。加入**B**，以小火煮2小时。在锅内放凉之后装入保存容器内，尽量放置1天后再食用。

3 将放置至室温的鸡蛋放入开水中煮6分钟，其间不断搅动。然后放入冷水中浸凉，剥壳后浸入**2**的汤汁中。

4 食用时，去除凝固猪油，切成适当大小，与鸡蛋一起装盘。还可根据个人口味添加熟洋葱丝、黄芥末酱等。

鸡肉蔬菜沙拉

「用海带、洋葱一起煮制，味道寡淡的鸡胸肉也能变得十分美味。」

材料（便于制作的量）

鸡胸肉…2块

洋葱…1/2个

A
- 姜泥…1/2小匙
- 蒜泥…1/2小匙
- 水…1杯
- 干海带（高汤用）…5 g
- 醋…1 ½大匙
- 砂糖…1大匙
- 粗盐…2小匙
- 粗磨黑胡椒…少许

嫩蔬菜叶…适量

整粒黄芥末酱…适量

※放凉时间不计。

做法

1 将洋葱纵切成薄片，鸡肉去皮后用叉子整体均匀插孔。

2 将**A**加入锅中并混合，放入鸡肉，并撒上洋葱。盖好，开火，煮开后转小火继续煮10分钟左右。关火，待其完全冷却入味。

3 取出鸡肉，切成5 mm厚的片。在容器内铺好嫩蔬菜叶后装盘，并撒上整粒黄芥末酱。

＊亦可存放。取出海带，连汤倒入存放容器中，盖好于冷藏室内可存放3～4天。

「洋葱可提升鲜味与甜味。」

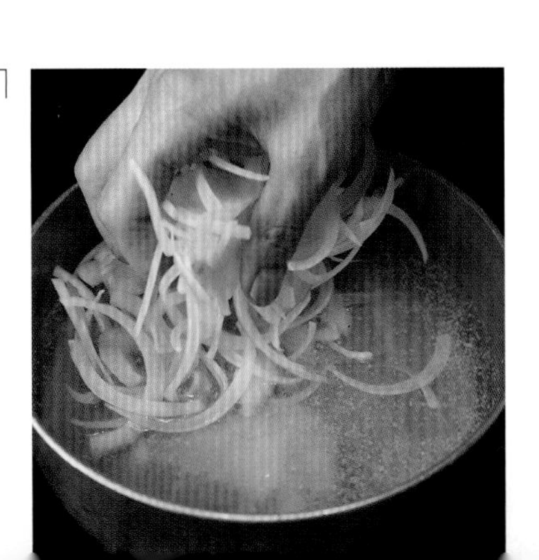

寿喜锅

「将牛肉稍加煎制后再煮，可更好地吸收作料的味道。」

寿喜锅的做法多种多样，具体因地区或家庭而异，既有在煮沸的作料汁中加入食材的关东做法，也有将牛肉等食材煎制后再加入作料汁的关西做法。我推荐先将葱与牛肉煎制后再煮的做法，这样可使味道更为浓醇。最佳吃法是，将第一片肉稍加煎制即淋上作料汁食用。加入其他配材后，也是在『即将煮开』之时肉质最为鲜嫩。寿喜锅的关键是看准时机投放食材。

材料（2~3人份）

牛肉（寿喜锅用牛柳）…300 g
煎豆腐…1块（300 g）
魔芋丝…1袋
白菜…3片
葱…1根
香菇…4个
茼蒿…1/2把
鸡蛋（无菌蛋）…适量

A
- 水…1½杯
- 干海带（高汤用）…3 g
- 酱油…1/2杯
- 清酒、砂糖…各3大匙
- 味醂…2大匙

牛油…20 g

做法

1. 将**A**混合，做成作料汁。
2. 将魔芋丝凉水下锅，煮5分钟左右，倒掉热汤。将煎豆腐控水后均匀地分成8份。
3. 将白菜帮子与白菜叶分开，白菜帮子切小块，白菜叶切大块。葱斜切为1 cm长的葱段，香菇去柄后菌盖划花刀，茼蒿去根茎留叶。
4. 将寿喜锅加热，放入牛油，待牛油熔化且铺满锅底后，将葱排放煎烤，上色后翻面，将牛肉摊平在锅内空余处，进行煎烤。
5. 待牛肉稍微变色时淋上适量的**1**，使**1**均匀地沾在牛肉上，这时牛肉就可以食用了。加入其他配材，根据个人口味煮制。在小碟中打入鸡蛋作为蘸料，将食材蘸取蘸料食用。

用时 30分钟

「将葱充分煎烤，逼出香味。」

「淋上作料汁，一般第一片放入的牛肉在此时即可直接食用。」

「加入其他配材。白菜叶与茼蒿叶易煮蔫，所以最后放入。」

盐烤秋刀鱼

「鱼肠不产生苦味，可不予处理，直接食用。」

材料（2人份）

秋刀鱼…2条
盐…适量
萝卜…100 g
酱油…少许

做法

1 秋刀鱼控水，将两面均匀地抹上食盐。尾部易烤焦，应多涂抹。

2 处理完毕后立即以烤鱼架烤至上色。

3 萝卜擦成泥，在笊篱中轻轻挤压，去汁。

4 在容器中放入**2**与萝卜泥，在萝卜泥上倒酱油。根据喜好，亦可放入对半切开的酸橘。

如秋刀鱼残留有水，则盐不易附着，应充分擦干后再抹盐。鱼尾易烤焦，为防止其在烤制过程中掉落，可多抹一些盐。涂抹的盐具有『化妆』效果，可改善鱼的色泽。秋刀鱼是秋季特有的时令美味，只需抹盐烤制便足够鲜美。

「从距离20 cm左右的高处撒盐，可均匀地撒遍整条鱼身。」

银鳕鱼西京烧

「涂抹味噌后放置2天。待充分入味后，稍经炙烤即香气四溢。」

材料（便于制作的量）

银鳕鱼…6片

盐…少许

A 味噌…100 g

清酒、砂糖…各40 g

※腌制时间与冷藏室放置时间不计。

做法

1. 在银鳕鱼上撒盐，放置于厨房纸上，约30分钟后，将溢出的水擦干。
2. 将A混合均匀并涂抹在1的表面，放入盘子内，以保鲜膜覆盖，于冷藏室内放置2天。烤制前去掉味噌，用烤鱼架烤制7～8分钟。如有变焦倾向，则可加盖调节。装盘，可将酸橘切成楔形，装饰及调味用。

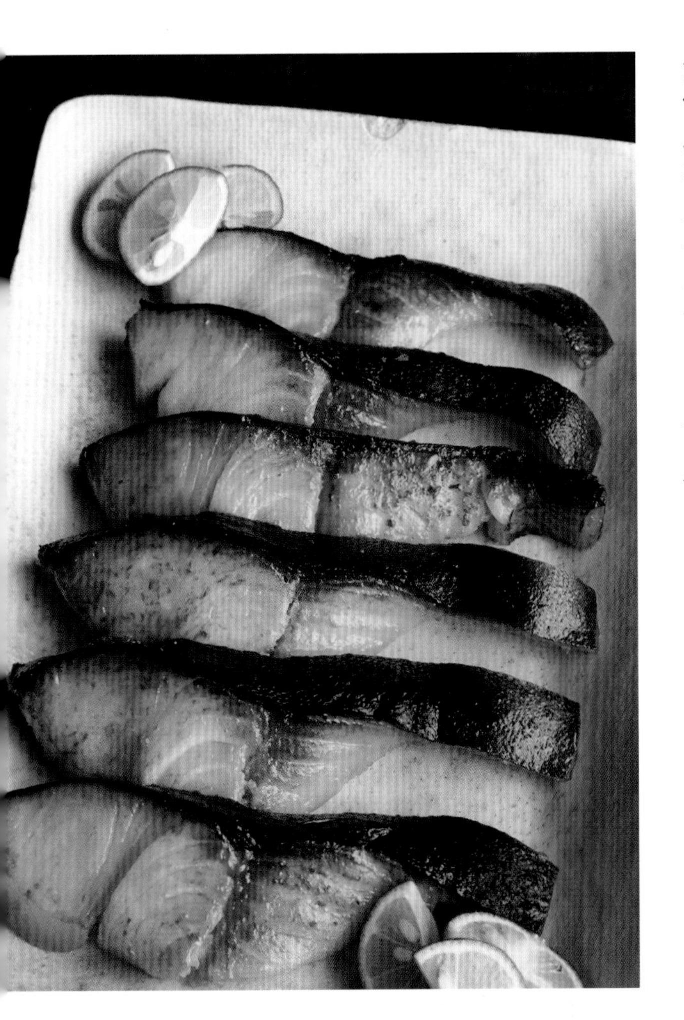

「将鱼尾以盐揉搓，防止变焦。」

鱿鱼煮芋头

「芋头无需提前煮。不经意的烹制更能成就料理的真味。」

材料（便于制作的量）

北鱿…2条

芋头…6个

A
- 高汤…2杯
- 清酒…1/2杯
- 酱油…3大匙
- 砂糖…2 ½大匙

做法

1. 去除鱿鱼的须与内脏，将其身体带皮切为1 cm厚的圆圈，将须两根一组地切开。芋头切成一口大小。
2. 将**1**与**A**放入锅内，点火，开锅后加盖煮15分钟左右。
3. 待芋头可顺利插入竹签后，改大火收汁。装盘，可将香橙皮切丝点缀。

「芋头的黏液具有勾芡作用，有助于将味道融入鱿鱼。」

猪肉酱汤

「我喜欢清淡点的猪肉酱汤，因此制作时会直接使用汆好的猪肉，不进行炒制。」

材料（3～4人份）

五花肉薄片…200 g
萝卜…100 g
胡萝卜…50 g
葱…1根
金针菇…1/2袋
魔芋…100 g
高汤…4杯
味噌…4大勺
味醂…2大匙
七味粉…少许

用时 25分钟

做法

1 将萝卜切成5 mm厚的片，再以十字形切开。将胡萝卜切成5 mm厚的半月形片。葱斜切为1 cm长的葱段，金针菇去蒂切成2段。

2 将魔芋先切成1 cm厚，再纵向切成两半，冷水下锅，煮5分钟左右，倒掉汤汁。

3 将猪肉切成5 cm长。锅内放热水汆制猪肉，变色后用笊篱捞起，倒掉汤汁。

4 将高汤、**1**、**2**、**3**放入锅内，点火，烧开后转小火煮7～8分钟，将两种萝卜煮软。加入味噌，倒入味醂后稍煮。装盘，撒入七味粉。

「味醂可改善味道，激发甜味，令人回味无穷。」

煮羊栖菜

如果泡发不足，会残留干菜味。在温水中浸泡30分钟，清洗后再用凉水浸泡1小时，则可保证料理的美味。

羊栖菜与干萝卜丝等干菜的最大不足就是在晒制过程中会产生特殊的气味。不过，长时间泡发可以去除大部分干菜味，大幅提升口感。泡发时，可将干菜浸于水中半日，甚至一直泡着，但关键是捞出后要挤干水，脱水后才能更好地入味。多放油炒制后加入汤汁，以大火煮透。

耐心地用双手一点点捞出。

按照羊栖菜、蔬菜的顺序，用油充分炒制，提升醇厚感。

材料（2人份）

羊栖菜（干菜）…30 g
胡萝卜…1/2根
日式薄炸豆腐…1片
色拉油…1大匙

A 高汤…1 ½杯
酱油…3大匙
砂糖…1 ½大匙

※泡发时间不计。

做法

1. 将羊栖菜在温水中浸泡30分钟，清洗后再用凉水浸泡1小时。捞出时，为防止带出沉积的杂质，可用手掬出，挤干水后放入笊篱中。
2. 将胡萝卜、日式薄炸豆腐切成丝。
3. 将色拉油倒入平底锅，烧热，下羊栖菜翻炒均匀。加入**2**，翻炒2分钟左右，使油充分包裹蔬菜。
4. 翻炒均匀后加入**A**，以大火收汁。

煮魔芋

材料（2~3人份）

魔芋…1块

红辣椒…1个

A 高汤…1½杯
味醂、酱油…各2大匙
砂糖…1大匙

芝麻油…1大匙

※入味时间不计。

做法

1 将魔芋切成1 cm厚，然后在正中间纵向拉一个约2 cm长的开口。将一端从开口中穿过，做成魔芋结。冷水下锅煮5分钟左右，捞出。

2 将红辣椒去蒂去籽，切成小圈。

3 将芝麻油倒入平底锅中，烧热，放入**1**，翻炒7~8分钟，再加入**2**迅速翻炒。

4 加**A**，中火煮10分钟左右。关火，用厨房纸遮盖，冷却入味。然后装盘，可按喜好放花椒芽点缀。

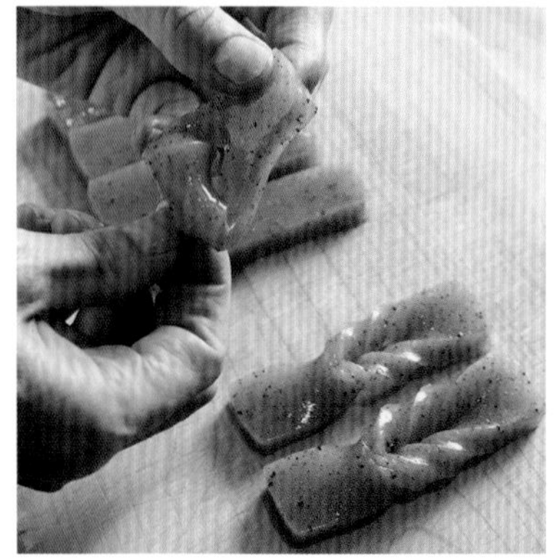

做成绳结状，增加表面积。炒至微缩可更好入味。

为使充分入味，应炒至听见嗞嗞声。

凉拌豆芽

以海带茶为作料，可使菜品香味袭人。

材料（3~4人份）

豆芽…2袋
盐…少许
A 芝麻油…3大匙
味醂、酱油…各1大匙
海带茶…1/3小匙
熟白芝麻…1大匙

用时 10分钟

※放凉时间与冷藏室冷藏时间不计。

做法

1 将豆芽去根。

2 锅内倒水烧开，放入**1**煮30秒左右，用笊篱捞出。趁热撒盐，放凉。

3 将**2**放入碗中，加**A**拌匀。于冷藏室内放置30分钟左右使入味。装盘，撒芝麻。

必须控干水。撒盐，放凉的同时需控水。

日式金平牛蒡

「尽量将牛蒡与胡萝卜切成细丝，使其口感松软。」

材料（2人份）

牛蒡…150 g
胡萝卜…60 g
A 清酒…3大匙
　酱油…2大匙
　砂糖…1大匙
熟白芝麻…1大匙
辣椒粉…少许
色拉油…2大匙

用时 15分钟

做法

1 将牛蒡洗净，切成5 cm长的细丝，冲洗后控水。

2 将胡萝卜切成5 cm长的细丝。

3 将色拉油倒入平底锅中，烧热，加入**1**、**2**，翻炒5分钟左右。再加入**A**，炒至料汁将干。装盘，撒芝麻和辣椒粉。

「切成细丝可增加表面积，能更好地吸收调料。」

醋拌黄瓜

「分两次倒醋，味道更浓郁。」

材料（2人份）

黄瓜…2根
姜丝…20 g
盐…1大匙
A | 高汤、醋…各3/4杯
  | 砂糖…60 g
  | 淡口酱油…1大匙
熟白芝麻…少许

用时 10分钟

※撒盐后的等待时间与腌制时间不计。

做法

1 将黄瓜去蒂，切成薄圆片，装入碗中并撒盐。放置10分钟左右，变软后，冲洗控水，放于碗中。

2 加少量**A**，用手抓拌，沥干水。

3 加剩余的**A**、姜丝，放置1小时左右，装盘，撒芝麻。

「调味醋中添加了高汤，因此味道特别鲜美甘香。」

什锦寿司

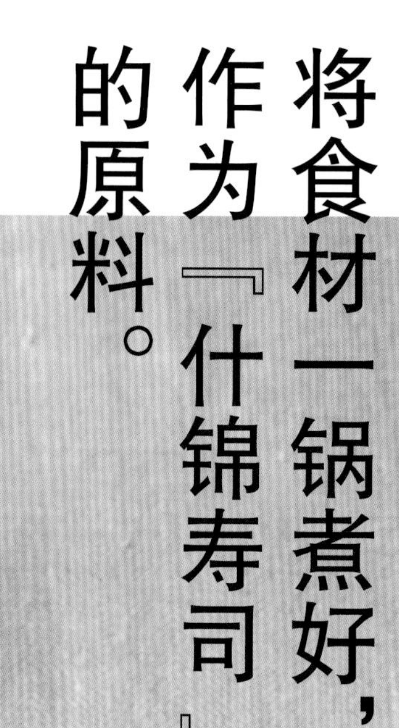

「将食材一锅煮好，作为『什锦寿司』的原料。」

在店里制作时，每种食材都会单独处理，但在家里制作时，一锅煮好更为简便。根菜类食材无需每样都有，但为了使味道更加浓郁，最好有干香菇。拌米饭与寿司醋时，可以用大碗代替木盘。因并不急于用餐，所以无需团扇帮助扇凉。最后若以咸三文鱼子点缀，在隆重的场合也将大受欢迎。

材料（3～4人份）

鸡蛋…2个
牛蒡…80 g
胡萝卜…50 g
莲藕…80g
荷兰豆…8枚
干香菇…4个
鱼松…20 g
刚出锅的米饭…600 g

A 味醂、酱油…各2大匙
砂糖…1大匙

B 盐、砂糖…各少许

C 砂糖…1大匙
淡口酱油…1/2小匙

D 醋…5大匙
砂糖…2大匙
盐…2小匙

色拉油…少许

做法

1 将干香菇放入2杯水中，泡发1小时。

2 将牛蒡清洗后切成薄片，胡萝卜切成5 cm长的细丝，莲藕切成薄片后再以十字形切开。

3 将干香菇去蒂，切成薄片，与泡发水一起倒入锅中，点火。煮开后加入**2**，撇除浮沫后加入**A**，煮至汤汁近干后关火。

4 将荷兰豆快速焯水，用笊篱捞起后撒上**B**。在碗中打入鸡蛋，加**C**混合。将色拉油倒入平底锅烧热，分两次倒入蛋液，煎成2张薄鸡蛋饼，然后与荷兰豆一起切丝。

5 将**D**混合做成寿司醋。米饭放入木盘中，淋上寿司醋。用饭勺以切拌手法混合，做成寿司饭。

6 待**3**散除余热后，加入寿司饭中。用饭勺切拌，将食材混合均匀。

7 装盘，以蛋饼丝、荷兰豆丝、鱼松等彩色食材点缀。

※干香菇泡发时间不计。

食材煮至汤汁近干。

制作寿司饭时，无需用团扇帮助扇凉。

用饭勺切拌，使食材混合均匀。

家常料理之诀窍❶

家常菜可随意搭配

将前一天的剩菜与家里的蔬菜摆上餐桌，如将这些『饭菜』视为一种『料理搭配』，你的心情也许会变得愉悦些。

「以肉或鱼为主菜，稍加煎炒即可。」

想同时解决主菜、副菜、汤菜可能会有些困难，不如先考虑主菜。如思考无果，可以先去超市找到价格合适的食材再做决定。选了肉或鱼却依然不知道该做什么料理时，可以将其煎炒、焖煮作为主菜。一般会认为必须有搭配的蔬菜，但我们可以副菜或汤菜代替，无需在意。

「一种蔬菜哪怕只是切一切，也能成为不错的副菜。」

副菜无需太费工夫。番茄切成适当大小，即是一个菜品。卷心菜切成大块、萝卜切成丝，加盐揉搓腌制即可。莴苣段或洋葱片淋上市售沙拉酱汁亦可。若稍费工夫，可提前煮好西蓝花或菠菜，加芝麻或芥末酱做成拌菜，这些副菜都是不耗时的。以简单的方法轻松打造出蔬菜菜式，这就够了。

「市售熟食当然可以吃。」

因家里经营烤鸡肉串店的缘故，我是在商业街上长大的，也因此常能吃到附近的精肉店或干货店做的熟食。它们散发着温暖的气息，令我食欲大开。所以，并非每一种菜品都需要自己动手，如有喜欢的市售熟食，大可『拿来主义』。最重要的是『每天吃得开心』。

◎ 某日晚餐搭配示例

煎鸡肉，配上一种蔬菜作为副菜，再配以简单的汤。

芝麻拌土豆丝

❶将2个土豆（五月皇后）切成粗条，淘洗。

❷取3大匙清酒、2大匙酱油、1大匙砂糖进行混合。

❸将1大匙芝麻油倒入煎锅内，烧热，放入❶翻炒至变软，再加入❷与2大匙白芝麻粉，以大火翻炒均匀，撒少许辣椒粉。

脆煎鸡肉

●参见95页

海蕴豆腐味噌汤

❶将50 g生海蕴淘洗后切成适当大小，100 g老豆腐切成1 cm见方的小块。

❷往锅中加2杯高汤，点火，烧开后加入1½～2大勺味噌。加❶，转小火煮制。

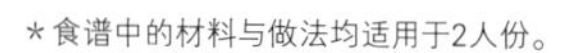

＊食谱中的材料与做法均适用于2人份。

从日本美食的智慧中品味四季

第2章 应季蔬菜无需过多加工

对于应季蔬菜，只要选出色泽好的新鲜材料，加以简单蒸煮，便可做出美味的料理。本章将带你领略应季食材独特的鲜美，介绍如何以最简单的方法烹制出家常美味，它们都是能让人品味到四季变换的菜式。

【春】

绿芦笋与春甘蓝自带甘甜，与盐中和之后咸淡适中。油菜薹带有苦味，竹笋带有涩味，因此焯水程度非常重要。无论什么蔬菜，均不可过分调味，以免影响其新鲜口感。

或炒或蒸
绿芦笋

水煮后可制作芦笋沙拉，但炒或蒸可以浓缩绿芦笋的甜鲜，味道更胜一筹。切勿加热过度，以免影响嚼劲。靠近根部的秆茎较穗头更为鲜美，大家可以对比品尝。

［挑选诀窍］

穗头紧实、秆茎弹性好者为上品。切口水灵者更为新鲜。切口较干者新鲜程度亦打折扣，请勿选择。

根部硬实的部分无需切割即可折断。

根部外皮较硬时，可用刮皮刀刮掉。

精华在于秆茎的嚼头。
先整根进行烧制。

照烧芦笋猪肉卷

材料（2人份）

绿芦笋（粗）…4根
五花肉片…4片（约120 g）
萝卜…100 g
面粉…适量
A 清酒、味醂、酱油…各2大匙
　砂糖…1½大匙
色拉油…1大匙
辣椒粉…少许

做法

1 将萝卜擦成泥，置于笊篱中挤干水。

2 掰除绿芦笋根部较硬的部分，将下方1/3的部分去皮。用肉片呈螺旋状卷起绿芦笋，稍微露出穗头。然后整体裹上面粉，用手攥握整理形状。

3 将色拉油倒入平底锅，烧热，使2的螺旋末尾所在面朝下，并排放入锅内。成形后，继续煎至上色。

4 用厨房纸擦去多余的油，加入A，使之均匀地沾在芦笋卷上。

5 装盘，加入1，然后撒辣椒粉。

上色完美，日式口味，西式颜值。

煎芦笋番茄酱调味

材料（2人份）

绿芦笋（粗）…4根
番茄…1/2个
小葱…3根
生姜…5 g
A 芝麻油（或色拉油）…2大匙
淡口酱油…2小匙
醋…1小匙
砂糖…一小撮
粗磨黑胡椒…少许
色拉油…1大匙
盐…少许

用时 15 分钟

做法

1. 将番茄去蒂，随意切成块，以菜刀拍成糊状。
2. 小葱切成葱花，生姜切成末，装入碗中，加**1**与**A**后混合，放入冷藏室。
3. 掰除绿芦笋根部较硬部分，下方1/3部分以刮皮刀去皮。
4. 将色拉油倒入平底锅内，烧热，并排放入**3**。翻炒上色后撒盐。
5. 将**2**平摊于容器内，将**4**摆放其上。

蒸芦笋配自制蛋黄酱

材料（2人份）

绿芦笋（粗）…4根
酱油腌三文鱼子（市售）…20 g

A
蛋黄…3个
醋…4大匙
蜂蜜…1/2大匙
盐…1小匙
白芝麻油（或色拉油）…1¼杯

粗磨黑胡椒…少许

*蛋黄酱的分量以便于制作为宜。冷藏约可保存5天。

※蛋黄放至室温的时间不计。

做法

1 自制蛋黄酱。将**A**中的蛋黄置于碗中，放至室温，加入醋、蜂蜜、盐，以打蛋器搅拌均匀。打至顺滑后，少量多次加入白芝麻油，使其起泡、乳化。

2 掰除绿芦笋根部较硬部分，下方1/3部分用刮皮刀去皮。

3 上汽后将**2**放入蒸锅内，大火蒸1分钟左右。用笊篱捞出，冷却至微温，然后切成2段。

4 装盘，加入适量的**1**，撒上黑胡椒，以三文鱼子稍加点缀。

无蒸锅的情况下：平底锅中放入6大匙水，盖好，以大火蒸2分钟左右。

「蒸制法可以浓缩绿芦笋的甜味与鲜味。」

【春】

尽可能地减少调味与加热

春甘蓝

生吃也能品尝到春甘蓝的甜味，因此应减少调味。切丝后加盐渍海带凉拌，即可成为一份美味的菜肴。春甘蓝鲜嫩多汁，再加少许油使味道更浓郁，可以提升食欲。加热时间也应缩短。尽量不要加热太久，希望大家可以直接品味那种软嫩的美妙口感。

［挑选诀窍］

应选取叶片较松散、绿色偏深、整体有弹性的春甘蓝。购买切开的春甘蓝时，应观察切口处，水分充足者为宜。

外侧的两三片叶子俗称『鬼叶』，较为坚硬，一般用作蒸制时的铺垫，不用于烹饪。

如果叶茎较硬，可以V字形切除。

炒制的食材应切至方便食用的大小，方便炒熟。

韩式脆甘蓝

材料（2人份）

春甘蓝…1/4个
熟白芝麻…1大匙
A 蒜泥…1/2小匙
芝麻油、醋、苦椒酱、蜂蜜…各1大匙
酱油…1/2大匙

用时 10分钟

※甘蓝浸水时间不计。

做法

1 将春甘蓝切成大块，于水中浸泡约10分钟，使其更新鲜饱满。然后控干水。

2 在碗中将**A**混合，加入**1**，用手抓拌。

3 装盘，撒芝麻。

切成块后浸于水中，便于甘蓝吸收水分，提升口感。

口感鲜嫩、柔和。希望你们优先品尝此类菜式。

春甘蓝炖翅根

通过煮制，使甘蓝吸收翅根的鲜味。

材料（2人份）

春甘蓝…1/2个
鸡翅根…6个
杏鲍菇…1根
盐…适量

A 干海带（高汤用）…5 g
水…2½杯
清酒…1/2杯

B 味醂、淡口酱油
…各2大匙

※鸡翅根腌制时间不计。

做法

1. 在鸡翅根上撒少许盐，腌制10分钟左右。锅内倒水、烧开，将翅根放入迅速汆水，捞出。
2. 将**1**与**A**放入锅内，点火。煮开后转小火继续煮15分钟左右。其间撇除浮沫。
3. 将春甘蓝切成大块，杏鲍菇纵分为6等份。
4. 在**2**中加入**B**和**3**，煮7～8分钟，使春甘蓝变软。加盐调味，装盘，可按喜好放花椒芽点缀。

甘蓝与鱿鱼较甜，应多放胡椒，提升辣味。

黑胡椒炒春甘蓝鱿鱼

材料（2人份）

春甘蓝…1/4个
鱿鱼…3小只
洋葱…1/4个
萝卜芽…1/3袋
盐…少许
A 清酒…2大匙
淡口酱油…1大匙
粗磨黑胡椒…适量
色拉油…2大匙
柠檬…1/4个

做法

1 从鱿鱼的身体中拔出连带有肝脏、眼睛和嘴的须的部分。鱿鱼身体去除软骨，洗净内腔，切圈。拔出的须的部分去除肝脏、眼睛与嘴，再去除须上的吸盘齿环，切成适当大小。

2 将甘蓝切成大块，洋葱纵切成薄片，萝卜芽去根后切成均匀的3段。

3 将色拉油倒入平底锅内，烧热，下甘蓝、洋葱，加盐翻炒。待蔬菜变软后加入1迅速翻炒，以A调味。出锅前放入萝卜芽迅速翻炒。

4 装盘，撒足量黑胡椒，以柠檬点缀。

芥末拌油菜薹鲣鱼

做法

1. 从油菜薹根部切除2 cm左右，清洗后在水中浸泡10分钟左右。
2. 在锅中倒入足量的水，烧至80 ℃左右时加盐，将**1**整体没于热水中，煮1～2分钟。再放入凉水中冷却，挤干水，切成2段。
3. 将鲣鱼切成适当大小，葱切成薄圈。
4. 将**A**放入碗内搅拌均匀，加入**2**、**3**搅拌。装盘，撒芝麻。

【春】

油菜薹

把握火候，变苦味为美味

对于这种菜，只要注意把握火候，味道便出乎意料地鲜美。将其充分炒制，可恰到好处地缓解苦味。以80 ℃左右的热水煮制，酵素可发挥作用，使食材的鲜香散发出来，值得一试。

在水中浸泡10分钟，即使加热后也能保持脆嫩。

［挑选诀窍］
尚未开花、花蕾密集者为佳。叶茎脆嫩者更为新鲜。切勿选择不新鲜或切口变色者。

为防止调制出来寡淡无味，应在焯水后攥干水。

材料（2人份）

油菜薹…1/2把
鲣鱼（生鱼片用）…100 g
葱…1/4根
盐…少许
A 酱油…2大匙
味醂、芝麻油…各1大匙
芥末酱…半小匙
熟白芝麻…1小匙

用时 10分钟

※油菜薹浸水时间不计。

稍微炒过一点，将苦味变成美味。

苦中回甘，既有对味蕾的刺激，又成就了香喷喷的美味佳肴。

油菜薹培根煎蛋

材料（2人份）

油菜薹…1/2把	盐、粗磨黑胡椒…各适量
培根…4片	清酒…1大匙
鸡蛋…2个	色拉油…2大匙

用时 10分钟

※油菜薹浸水时间不计。

做法

1 从油菜薹根部切除2 cm左右，清洗后浸泡约10分钟。然后控水，用厨房纸擦干。

2 将培根对半切开。

3 将色拉油倒入平底锅，烧热，放入**1**、**2**翻炒至油菜薹出现烧痕，加少量盐、黑胡椒。打入鸡蛋后转小火，在锅内空处倒入清酒，加盖，至半熟状关火。装盘，分别加入适量盐、黑胡椒。

【春】

竹笋

带皮煮可彻底去除涩味

生竹笋的烹饪准备时间较长，人们往往对其敬而远之，但市面上煮好的竹笋通常却失去了竹笋应有的风味与口感。在竹笋上市时节，大家一定要不怕麻烦去尝试一下，体会一把『仪式感』。竹笋一旦挖出，会立即产生涩味，新鲜度也随之下降。因此，购买后应立即焯水。

竹笋的准备

1. 取2根（1 kg）竹笋，清洗后斜切下笋壳尖头，以便于剥皮。从斜切面向下纵向切一个稍深的切口。根部稍加切除。不剥皮。
2. 将竹笋放入锅内，加2个红辣椒、2杯米糠，加水没过竹笋。大火煮沸后转中火继续煮1小时左右。其间，水量下降露出竹笋时，应及时补水。
3. 试着以竹签插入根部，如可轻松插入，则已煮好。在锅中放凉。

保存　洗净后带皮装入保存容器内，加水没过竹笋。密封后冷藏，可保存5天。需每天换水。

使用时　由切口处剥至尖端柔软处为止。剥除根部附近多余的外皮，切除褐色较硬部分，将表面清理干净。切除少许尖端，然后将之纵切为两半。

加入红辣椒与米糠，去除煮制过程中的涩味。

有切口更易煮制。

［挑选诀窍］

笋壳尖头见光会变黑，涩味也会加重，应选择未经日晒、笋壳尖头呈黄色者。应尽量选取较有分量的竹笋。

「竹笋与裙带菜，山珍海味的『美丽邂逅』，堪称绝配。」

笋尖焖油炸豆腐

材料（2人份）

竹笋（已煮好）…1根
日式厚炸豆腐…1块
裙带菜…50 g

A
高汤…2杯
清酒…1/4杯
味醂、淡口酱油
…各2大匙

※竹笋与日式厚炸豆腐的冷却时间不计。

做法

1. 将竹笋纵向切为两半，放入锅内，加冷水，使之没过竹笋。煮沸稍焯烫竹笋后将汤倒掉，放入凉水中冷却。分别切为尖端上段和根部下段的2段，接着将尖端切成最厚处达1 cm的楔形，根部纵切为两半，再横向切成薄片。
2. 将日式厚炸豆腐滤油，等切成8块。裙带菜切成大块。
3. 将**A**加入锅内，煮沸，放入**1**、日式厚炸豆腐，小火煮15分钟左右。关火冷却，放裙带菜，小火继续煮5分钟左右。
4. 装盘，可按喜好放花椒芽点缀。

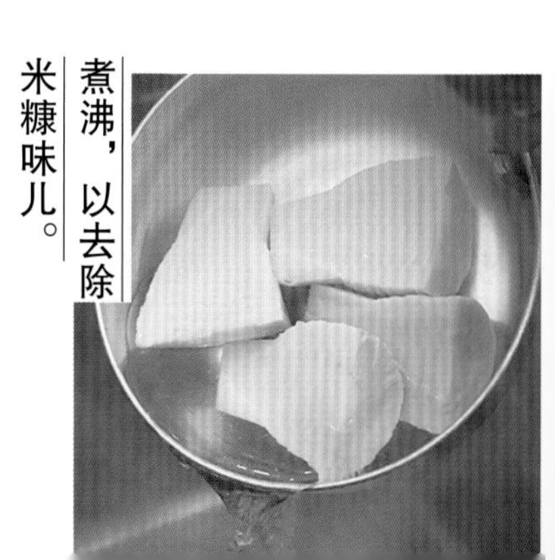

煮沸，以去除米糠味儿。

【夏】

夏季的蔬菜种类十分丰富，它们尽情地享受着阳光的恩惠，为人们奉上千滋百味。如清淡的茄子、鲜甜的番茄、水嫩的黄瓜、略带苦涩的青椒、清甜的玉米等。接下来，我们就以最朴素的烹饪方式来呈现它们的原汁原味。

茄子

加热时多放油

茄子喜油，吸油后的茄子，口感会大大提升，特别好吃。炒茄子或炸茄子时自然离不开油，煮茄子时，如果先用油煎制再放入汤汁，味道会更加醇厚。清淡的茄子搭配稍浓厚的调味，更加符合夏季的气质。

［挑选诀窍］

色泽均匀、紧实发亮者为佳。拿在手中应有分量，否则可能呈中空状态。

旋转切除茄蒂，以确保口感。

多放油，使茄子味道更为醇厚。

味噌茄子炒鸡腿

材料（2人份）

茄子…2个
鸡腿肉…1根的量
葱…1/2根
A 水…2大匙
清酒…3大匙
味噌…2大匙
砂糖…1大匙
酱油…1/2大匙
色拉油…3大匙
极细辣椒丝…少许

用时 15分钟

做法

1. 将茄子去蒂后切成滚刀块。葱斜切成薄片。
2. 将鸡腿肉切成适当大小。将**A**混合好。
3. 将色拉油倒入平底锅内，烧热，将鸡腿肉带皮侧朝下放入煎制。变色后翻面，加入**1**，炒至蔬菜变软，再倒入**A**继续翻炒。茄子均匀地沾上调料后，出锅，撒上极细辣椒丝。

用黑醋调味『无肉也欢』，茄子也可成大器。

黑醋烧茄子

材料（2人份）

茄子…3个
青紫苏…5片
A 黑醋、清酒…各2大匙
砂糖…1大匙
酱油…1 ½大匙
辣椒粉…少许
水淀粉…1大匙
炸制用油…适量

用时 15分钟

做法

1 将青紫苏切成丝。
2 将茄子去蒂后纵切成4份。
3 将油倒入锅内，烧至170 ℃，放入茄子素炸1～2分钟，待茄子变软后捞出控油。
4 将A放入平底锅内加热，煮开后加入3继续煮至收汁。以水淀粉勾芡。
5 装盘，以1点缀。

茄子吸收了五花肉的油，提升了自身的鲜香。

茄子泡菜炒猪肉

材料（2人份）

薄切猪五花肉…200 g
茄子…2个
青椒…2个
辣白菜…100 g
A 清酒…3大匙
酱油、味醂…各1大匙
砂糖…1小匙
芝麻油…2大匙

用时 15分钟

做法

1 将茄子去蒂后切成适当大小的滚刀块。青椒去蒂去籽纵切成丝。猪肉切成3 cm宽。将A混合好。

2 将芝麻油倒入平底锅内，烧热，放猪肉炒散。加入茄子、青椒，炒至茄子变软。加A继续翻炒，最后加辣白菜炒至飘香。

一经加热迅速『变脸』

番茄

番茄是一种靠『颜值』便可令人精神振奋的食材。一年四季都能吃到，但唯独夏季的酸甜口感最为饱满。为了好好品味那种酸甜，推荐稍加盐生吃。烹制时应快速，如加热过头，容易变成糊状。

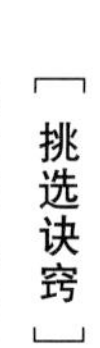

［挑选诀窍］

整体颜色均匀、紧实鲜亮者为佳。应注意蒂为绿色且水灵者较为新鲜，变黄者鲜度打折。

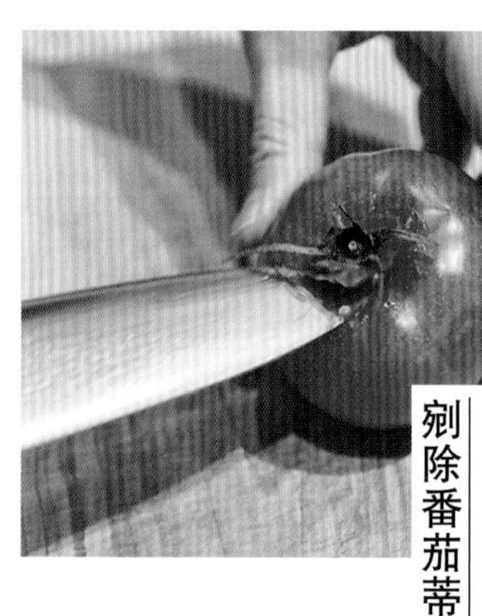

将刀尖斜插入番茄，转动，剜除番茄蒂。

纵切为两半，从中心等分，切成大小均匀的楔形。

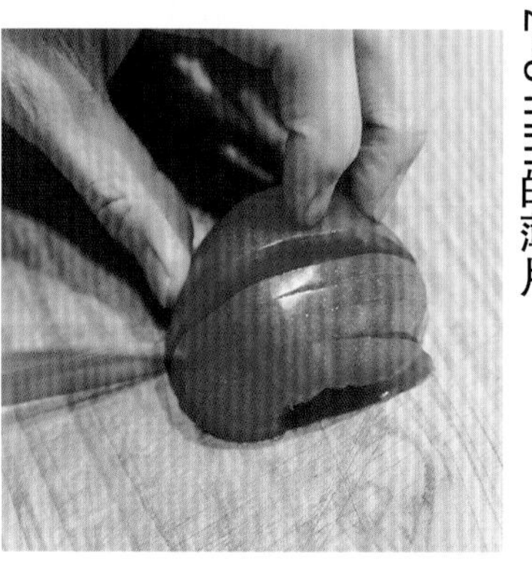

纵切为两半后，横切为厚2~3 mm的薄片。

如果想要味道再醇厚些，则可用砂糖上色。采用中华料理的烹饪手法，成就另一番味道。

焦糖番茄

材料（2人份）

番茄…3个
萝卜芽…1/2袋
A 砂糖…1½大匙
酱油、色拉油…各1大匙
粗磨黑胡椒…少许

切成不规则状，缩短炒熟时间。

做法

1. 将番茄去蒂，纵切为两半，再切成不规则状。将萝卜芽去根，切成2段。
2. 将A倒入平底锅内，烧热，晃动平底锅将砂糖炒至变香上色。放入1转为大火，迅速翻炒。
3. 装盘，撒黑胡椒。

用时 10分钟

迅速烫煮，防止番茄坍塌变形，然后在放凉过程中等其入味。

冰镇番茄

材料（3~4人份）

番茄…4个
圆筒状鱼糕…2个
煮鹌鹑蛋…8个
A 高汤…3杯
味醂、淡口酱油…各2大匙
砂糖…1/2大匙
盐…1/3小匙
青紫苏…3片

用时 20分钟

※放凉时间、冷藏室内冷却时间不计。

做法

1. 将番茄去蒂。锅内水烧开之后放入番茄快速焯水，待皮稍裂后放入冷水中，去皮。鱼糕切成2段。
2. 在锅内放A、鱼糕和鹌鹑蛋，开小火煮10分钟左右。
3. 放入番茄快煮，关火。以厨房纸为落盖，放凉。直接（或移至保存容器等）放入冷藏室内冷却。
4. 番茄纵切成两半，与鱼糕、鹌鹑蛋一起装盘，淋上煮制时的汤汁，以切成丝的青紫苏点缀。

*如需保存，可装入容器内，以保鲜膜盖好冷藏。可保存3天左右。

凉拌番茄鸡丝

沙拉风格搭配薄切鸡肉片，生番茄也能变成高端主菜。

材料（2人份）

番茄…2个
鸡胸肉…1块
小葱…2根
蘘荷…1个
青紫苏…3片
盐…少许
A 姜泥…1/2小匙
色拉油、醋、味醂、酱油…各2大匙
熟白芝麻…1小匙

做法

1 将小葱、蘘荷切成薄圈，青紫苏切成丝。

2 将鸡肉去皮，切成5 mm厚的片，撒盐腌制。

3 大火加热平底锅，将2摆入，将两面快速煎熟。

4 番茄去蒂，纵切为两半，再横切成薄片。

5 在容器内交错摆放3与4，铺撒上1，然后再撒上芝麻，淋上混合好的A。

凉拌黄瓜牛油果

做法

1 用刀腹拍打黄瓜后切开，再切成5 cm长的段。

2 将牛油果纵切为两半，去核去皮，再横切成薄片。

3 将**A**放入大碗内，混合后加入**1**、**2**搅拌，放入冷藏室内冷却约30分钟。然后装盘，撒黑胡椒。

【夏】

提升口感的切法

黄瓜

夏季的黄瓜水嫩鲜脆，口感极佳。与切成丝相比，我更期待拍黄瓜或黄瓜片的味道，清新爽口，特别推荐在食欲不佳的夏日食用。

【挑选诀窍】

应选择整体紧实有光泽者。可稍有弯曲，但应粗细均匀。表面带刺者更为新鲜。

如有刺，可抹盐并转动去刺。

切成薄片后，撒盐使出水。在食欲不佳的夏日，不失为口感绝佳的美味。

冷汤

材料（2~3人份）

黄瓜…1根
干竹筴鱼…1只
老豆腐…1/2块
蘘荷…2个
小葱…3根
青紫苏…5片
A 味噌…3大匙
味醂…1/2大匙
高汤…3杯
盐…少许
白芝麻粉…1大匙

※冷藏室内冷却时间不计。

做法

1 将干竹筴鱼用烤鱼架烤制后分成适当大小。将豆腐用厨房纸包裹，稍微控水。

2 用菜刀拍打竹筴鱼，然后加入**A**，混合成糊状。再装入碗中，加入高汤，用打蛋器搅拌，放入冷藏室内冷藏。

3 将黄瓜切成片后用盐揉搓，淘洗后攥干水。将蘘荷切成薄圈，小葱切成葱花，青紫苏切成末。

4 用手抓碎豆腐放入**2**内，加入**3**进行混合。装盘，撒芝麻。

用时
10分钟

※冷藏室内冷却时间不计。

材料（2人份）

黄瓜…2根
牛油果…1个
粗磨黑胡椒…少许
A 蒜末…2瓣量
色拉油、醋…各3大匙
蜂蜜…1大匙
盐…1/2小匙

拍黄瓜的酥脆与牛油果的醇厚形成鲜明的对比。

【夏】

青椒

保留苦味进行烹制

「挑选诀窍」

表面紧实有光泽、果肉厚实者为佳。蒂的切口处水分饱满者较为新鲜，应尽量避免选择蒂切口处变色者。

「鸡蛋的醇香与青椒淡淡的苦涩相得益彰。」

青椒炒鸡蛋

材料（2人份）

青椒…4个
猪五花肉片…200 g
鸡蛋…2个
盐、粗磨黑胡椒…各少许
清酒、味醂、酱油…各1大匙
色拉油…2大匙

用时 15分钟

做法

1 将青椒去蒂去籽，切成2～3 mm厚的圆圈。

2 将猪肉切成1 cm宽。

3 将鸡蛋打入碗中，加盐搅拌。

4 在平底锅中加入1大匙色拉油，放入3，迅速翻炒至暄腾后盛出。

5 平底锅中再加入1大匙色拉油，加2炒制。待肉变色后再加入1迅速翻炒，然后倒入清酒、味醂、酱油继续翻炒。待入味后，将4的鸡蛋倒回，迅速翻炒。

6 装盘，撒黑胡椒。

烤玉米

材料（2人份）

玉米…2根
砂糖…少许
酱油…少许

※砂糖入味时间不计。

做法

1. 将玉米剥去外皮，切成3 cm厚的圆块。切面撒砂糖放置5分钟左右。
2. 将烤网置于烤炉上，点火，将1排放于烤网上。上色后翻面，将切面烤制上色，侧面亦烤至上色。
3. 装盘，准备酱油与刷子。食用前刷酱油。

「应带芯烤制。甜味浓郁，一口爆浆。」

满口浓郁香甜

玉米

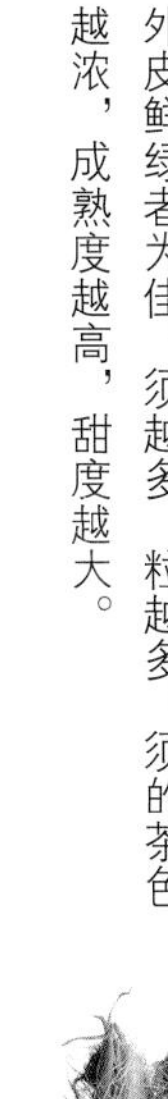
［挑选诀窍］
外皮鲜绿者为佳。须越多，粒越多。须的茶色越浓，成熟度越高，甜度越大。

秋

莲藕和牛蒡的香味与口感都很独特，颇具『魅力』。土豆与山药同为薯类，味道却不同。各种菇鲜味十足。这些食材都与和食有着深厚的渊源。让我们一起边品尝美味的和食，边品味丰收的喜悦吧。

切法决定口感

莲藕

莲藕是一种可以做出多种口感的食材。顺着纤维的纹路切成条状炒制，则口感酥脆；切成薄片爆炒则口感脆生；切成滚刀块煮制则入口绵软。

切成滚刀块时，应使切口朝上，斜刀切。

用水浸泡，防止变色。

［ 挑选诀窍 ］

断口水分饱满、孔内不发黑、表面无损伤或色斑者为佳。保存时，应以保鲜膜包裹放入保鲜袋，保存于冰箱的蔬菜室内。

切成滚刀块，极尽绵软口感。

莲藕炖鸡翅

材料（2人份）

莲藕…200 g
鸡翅根…6个
菜豆…6根
A 高汤…2杯
　酱油…2½大匙
　味醂…2大匙
　砂糖…1大匙
色拉油…1大匙
水淀粉…1大匙

用时 30分钟

做法

1. 将莲藕去皮，切成可以一口一块的滚刀块，以水浸泡后控水。菜豆切成2段。
2. 将色拉油倒入平底锅内，烧热，先煎鸡翅根，其间不断翻动，待整个鸡翅上色后再加入莲藕，迅速翻炒。加A，煮沸后转小火，盖上铝箔落盖（参见97页图片），继续煮15分钟左右。
3. 加入菜豆煮熟，汤汁中加入水淀粉搅拌、勾芡。

莲藕培根沙拉

材料（2人份）

莲藕…150 g
培根…4片
水菜…1/2把
A 醋、酱油、味醂…各2大匙
色拉油…1大匙
熟黑芝麻…1大匙

用时 15分钟

做法

1. 将莲藕去皮切成薄片，浸泡后控水。将水菜切成5 cm长的段，浸入水中提升松脆口感，然后控水。将培根切成1 cm宽。将**A**混合好。
2. 将色拉油倒入平底锅内，烧热，将培根炒散。放入莲藕，炒2~3分钟，再加入**A**，一起翻炒。
3. 水菜装盘，将**2**盖在上面，撒芝麻。

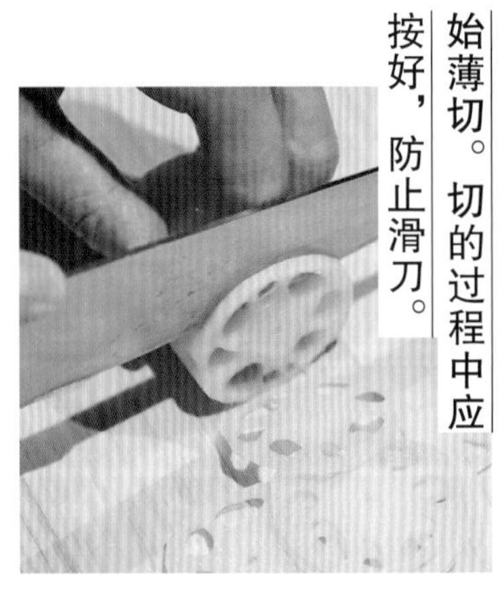

切莲藕时，应从一端开始薄切。切的过程中应按好，防止滑刀。

椒盐炒莲藕五花肉

沿纤维纹路纵向入刀，边转动边切成条状。

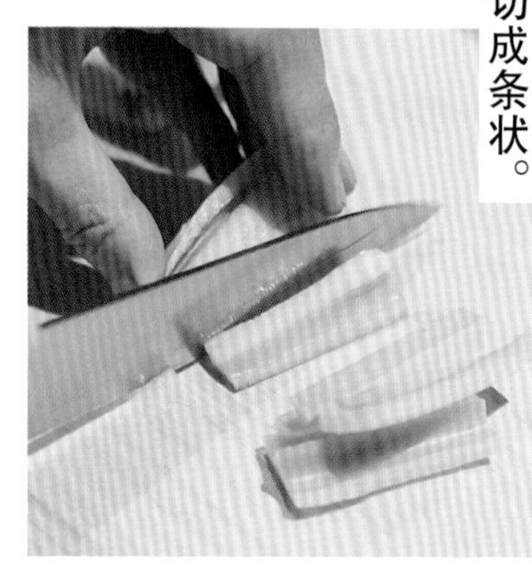

材料（2人份）

莲藕…200 g
猪五花肉片…200 g
葱…1/2根
A 清酒…3大匙
味醂…2大匙
盐…1小匙
芝麻油…2大匙
熟白芝麻…1大匙
粗磨黑胡椒…少许

用时 15 分钟

做法

1. 将莲藕去皮切成条，浸泡后控水。葱切成末。猪肉切成3 cm宽。将**A**混合好。
2. 将芝麻油倒入平底锅内，烧热，放入猪肉炒至变色。再放入莲藕，炒3~4分钟，加葱末快速翻炒，再加**A**一起翻炒。
3. 装盘，撒芝麻、黑胡椒。

「沿纤维纹路切成条。口感酥脆，令人神清气爽。」

滋味丰富、香气浓郁、口感极佳

牛蒡

与春季相比，秋季的牛蒡泥土香更浓，风味更为独特，口感更加筋道。即使搭配更加浓香的肉类，或调味浓重时，味道也不受影响。

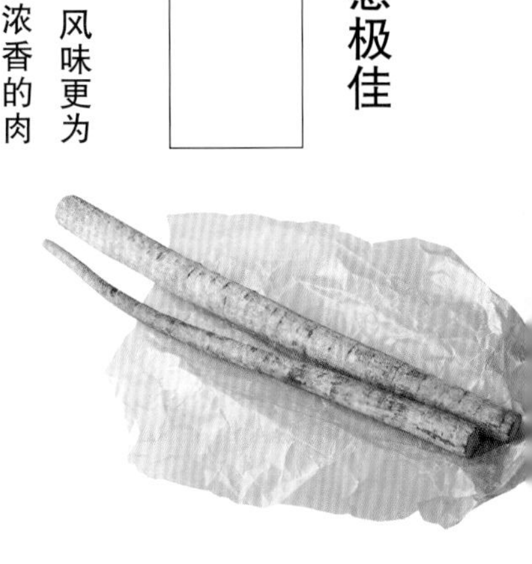

［挑选诀窍］

应选择粗细均匀且笔直的牛蒡。根部无裂纹者较为新鲜。带有泥土者风味更佳。

靠近外皮处香味尤其独特，因此洗掉泥土时切勿连皮去除。

「拍打牛蒡，破坏其纤维，有助于入味。」

凉拌牛蒡

材料（便于制作的量）

牛蒡…200 g

A
- 白芝麻粉…3大匙
- 醋…6大匙
- 砂糖、淡口酱油…各3大匙
- 辣椒粉…少许

做法

1. 将牛蒡洗净，根据锅的大小切成合适的长度，放入锅内，加水，使之漫过牛蒡。开火煮至牛蒡变软，用笊篱捞出。
2. 待牛蒡放凉后，用刀腹将其拍裂，切成3 cm长的段。将**A**混合好，并将牛蒡放入，拌匀。放入保存容器内，于冷藏室内放置半日以上。

＊在冷藏环境下大约可保存1周。

※牛蒡的冷却与浸泡时间不计。

红糖煮鸡肉魔芋牛蒡

「可先切成大块，提前煮好，便于快速入味。」

材料（2人份）

牛蒡…150 g
鸡腿肉…1根的量
魔芋…1块
荷兰豆…4枚
A 高汤…1½杯
清酒…1/4杯
酱油…3大匙
红糖…2大匙
色拉油…1大匙

用时 35分钟

做法

1 将牛蒡洗净，切成滚刀块，淘洗后控水。在魔芋表面压上斜网格状的印子，再切成边长约为2 cm的小方块。将两者同时放入凉水中，煮10分钟左右，倒掉汤汁。

2 将鸡肉切成适当大小。

3 将色拉油倒入平底锅内，烧热，将鸡肉带皮侧朝下放入锅内，煎至上色，翻面继续煎。

4 加入1翻炒，待油浸入食材后再加A，煮沸。转小火，盖上铝箔落盖（参见97页图片），煮10分钟左右。

5 放入去筋的荷兰豆，稍加煮制。

【秋】

软面土豆和鲜脆土豆应区分使用。

土豆

男爵和五月皇后这两个品种一直深受人们喜爱，它们各具特色，男爵软面，五月皇后鲜脆。在此介绍一下可以发挥两者优点的菜式。当然，我的方法不是绝对的，烹制时可根据喜好自由选择。

【挑选诀窍】

男爵应选择较圆者，五月皇后应选择细长者，但均需大小均匀、损伤少。切勿选择已发芽或外皮发绿者。

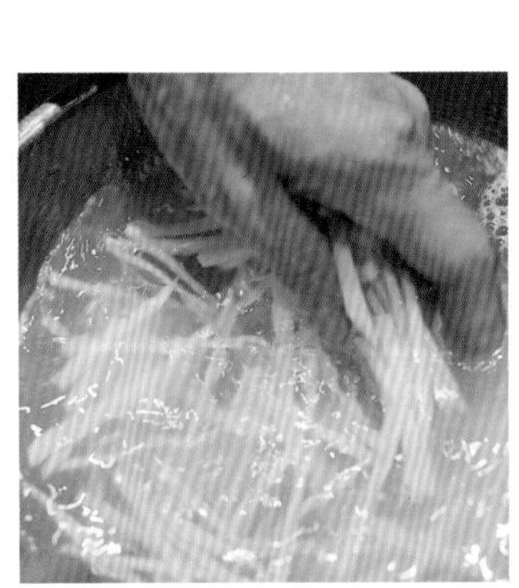

淘洗可防止土豆丝粘连，便于炒制。

干贝炒土豆丝

做法

1. 将土豆切成2~3 mm粗的细条，淘洗后控水。将小葱切成葱花。将**A**混合好。
2. 将色拉油倒入平底锅内，烧热，放入土豆翻炒。待油浸入土豆后将贝柱带汁放入，再加入**A**，用大火翻炒。
3. 装盘，撒入葱花与黑胡椒。

明太子拌土豆

材料（2人份）

土豆（男爵）…2个
萝卜芽…1/3袋
辣味明太子…1条鱼的鱼子量（约100 g）
盐…少许
A 芝麻油…2大匙
淡口酱油、味醂…各1大匙
熟白芝麻…1小匙

做法

1. 将土豆切成1~2 cm厚的半月形，放入锅内，加水，使之没过土豆。加盐，煮至竹签可顺畅插入。关火，倒掉汤汁，再次点火，晃动炒锅，烧干水后装入碗中。
2. 将萝卜芽去根切成1 cm长。明太子去薄皮，弄散。
3. 在**1**内加入**2**、**A**，搅拌均匀。装盘，撒芝麻。

「若要细细品味男爵的软面，可煮透后做成土豆泥。」

「充分发挥五月皇后不易煮散之特性的一道菜。」

材料（2人份）

土豆（五月皇后）…2个
贝柱罐头…1罐（75 g）
小葱…3根
A 淡口酱油…1½大匙
清酒…1大匙
砂糖…1小匙
色拉油…2大匙
粗磨黑胡椒…少许

烤五花肉山药卷

材料（2人份）

山药…100 g
猪五花肉片…8片（约200 g）
萝卜…100 g
酸橘…1个
A 清酒、酱油、味醂…各2大匙
砂糖…1小匙
马铃薯淀粉…适量
色拉油…1大匙
辣椒粉…少许

用时 15分钟

做法

1 将萝卜擦成泥，放入笊篱中挤干水。用刮皮刀刮去山药皮，切8个1 cm粗的小块。将酸橘对半切开，并将**A**混合好。

2 1片五花肉卷1块山药，蘸一层马铃薯淀粉，再用手攥握整理形状。

3 将色拉油倒入平底锅内，烧热，将**2**的收口处朝下，排放于锅内，不断翻面煎制。待肉变色煎透后，吸掉多余的油，加**A**煮至收汁。根据个人喜好切成适当大小装盘，加入萝卜泥、酸橘，在萝卜泥上撒辣椒粉。

「肉煎透时山药的火候也正好，口感极佳！」

【秋】

山药

迷上烤制的口感

生山药又黏又脆，口感很好。稍加烤制便变得酥脆，切成大块煮则口感软面。加热程度不同，味道也有所不同。

［挑选诀窍］

应选择粗细均匀、笔直、切口整齐、带有须根的山药。

山药上沾有泥土，用刮皮刀去皮最为方便。

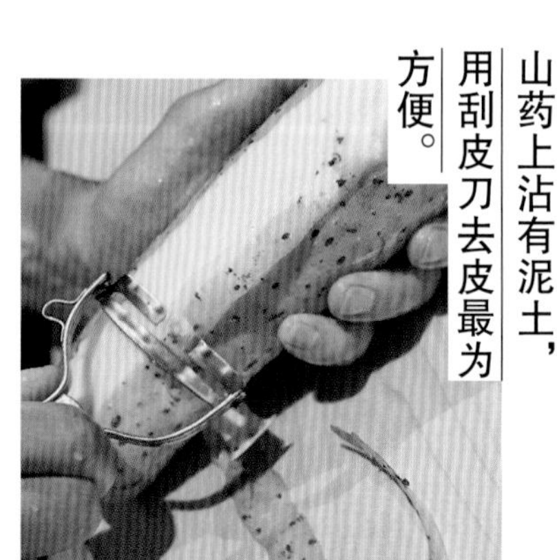

「大块不易煮散，切割起来也方便。」

山药炖虾仁

材料（2人份）

山药…200 g

虾…6只

A 高汤…2杯
味醂…2大匙
淡口酱油…1大匙
盐…1/2小匙

B 清酒、马铃薯淀粉…各1大匙
盐…一小撮

水淀粉…2大匙

做法

1 用刮皮刀将山药去皮。在锅内烧好开水，放入山药煮2~3分钟，捞出放入凉水中，切成两半。

2 将**A**、**1**放入锅内，小火煮15分钟左右。

3 将虾去壳，背部切开去除虾线。用**B**揉搓，再用水冲洗。然后擦干水，切碎。

4 另取一口锅，倒入1杯**2**的汤汁，点火。煮沸后用水淀粉勾芡。放入虾，一边搅动一边大火煮至虾变色。

5 将山药切成1 cm厚装盘，淋上**4**。根据个人喜好，可将香橙皮切丝后撒在上面作为点缀。

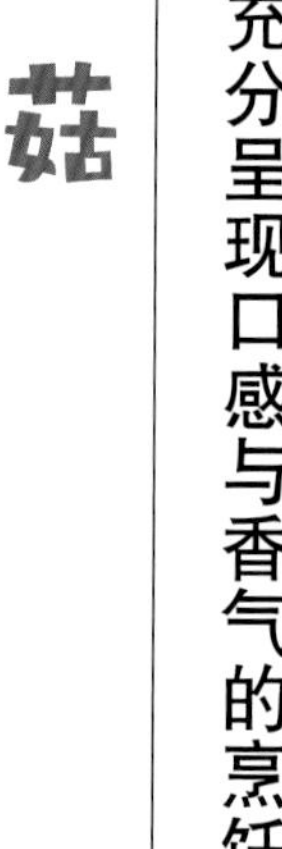

可充分呈现口感与香气的烹饪方法

菇

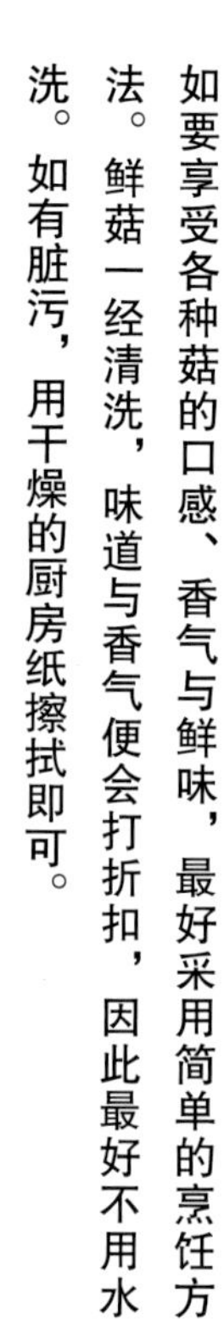

如要享受各种菇的口感、香气与鲜味，最好采用简单的烹饪方法。鲜菇一经清洗，味道与香气便会打折扣，因此最好不用水洗。如有脏污，用干燥的厨房纸擦拭即可。

「大火翻炒。保持嚼劲，之后利用余热帮助入味。」

［挑选诀窍］

观察整体，菌盖无裂纹，菌柄无孔眼、斑点或变色者较为新鲜。

凉拌双菇萝卜

材料（2人份）

杏鲍菇…1袋

灰树花…1袋

萝卜…150 g

A　高汤…2杯
　　酱油、味醂…各1/4杯

※散热时间与冷却时间不计。

做法

1. 将杏鲍菇切成两半，与灰树花一起撕成适当大小。将萝卜切成5 cm长、2 mm粗的细条。
2. 将A倒入锅内，点火，煮沸后加入1搅拌。再次煮沸后，撇除浮沫，关火。
3. 待余热散尽后，放入冷藏室内冷藏。装盘，根据个人喜好，可将香橙皮切丝后撒在上面作为点缀。

手撕更易出香味。

双菇炒流心蛋

将两种菇炒软，可与鸡蛋的味道完美融合。

材料（2~3人份）

蟹味菇…1袋
灰树花…1袋
鸡蛋…4个
小葱…3根
砂糖…1½大匙
盐…少许
酱油…2大匙
色拉油…1大匙

用时 15分钟

做法

1. 将蟹味菇、灰树花去蒂，撕成适当大小，小葱切成葱花。将鸡蛋打入碗中，加砂糖搅拌均匀。
2. 在平底锅内倒入色拉油，烧热，放入蟹味菇、灰树花，撒盐，将食材炒软。然后缓慢倒入蛋液，用锅铲慢慢翻动，炒至半熟状。
3. 装盘，淋上酱油，撒上葱花。

糖醋菇菇鸡

材料（2人份）

蟹味菇…2袋
鸡胸肉…150 g
面粉…适量

A 高汤、酱油、味醂…各3大匙
砂糖…1大匙

B 鸡蛋黄…1个
凉水…3/4杯
面粉…适量

炸制用油…适量

做法

1 制作甜味汤汁。将**A**倒入小锅内，点火，煮成浓汤。

2 将蟹味菇去蒂，撕成大块。鸡肉去皮，切成1 cm厚的肉片。

3 将**B**倒入碗内，搅拌均匀，做成面糊。

4 在锅内倒油并烧至170 ℃。将蟹味菇与鸡肉表面裹一层面粉，挂上**3**的面糊后入锅油炸3～4分钟。待表面炸透后捞出控油。装盘，浇上**1**，根据喜好可撒上小葱葱花。

砂锅香菇

材料（2人份）

香菇…6个
生鳕鱼片…2片
老豆腐…1块
鸭儿芹…6根
酸橘…1个
盐…少许

A 高汤…2杯
清酒、淡口酱油…各1大匙
盐…少许

做法

1. 在鳕鱼片上撒盐，腌制10分钟左右。锅内的水烧开后，将鳕鱼片快速汆水，再放入冷水中撇除浮沫。如有鳞片，则用手拔除。然后擦干水，切成适当大小。
2. 香菇去蒂，切成两半。平底锅不放油，点火后将香菇切口朝下排放于内，待上色后翻面，以大火煎制。
3. 将老豆腐8等分，酸橘对半切开。鸭儿芹快速焯水，每2根系在一起。
4. 在砂锅内倒入**A**，点火，放入豆腐、**1**、**2**。煮沸后放入鸭儿芹，关火，搭配酸橘食用。

香菇柄非常鲜美，因此只切除底部的蒂即可。

煎至上色，可逼出香气。

「香菇的鲜香特别适合清淡汤汁，即便不是松茸也足够美味了。」

萝卜是一种冬季时令蔬菜，越是寒冷的季节萝卜越是美味。萝卜除了用于炖、炒等热菜，还可用于拌、腌等凉菜。尽情品味这个季节特有的鲜嫩甘甜吧！

记住不同部位的不同特点

萝卜

可灵活地对各部位加以区分使用。绿色的上段脆生、水分饱满，适合做沙拉；中段厚度均匀且软，最适合做炖菜；尾部辛辣多筋，适合做萝卜泥或腌萝卜。

［挑选诀窍］

白色、有光泽、有分量、紧实者为佳。带叶保存时萝卜易糠心，所以应切掉叶子再保存于冰箱蔬菜室内。

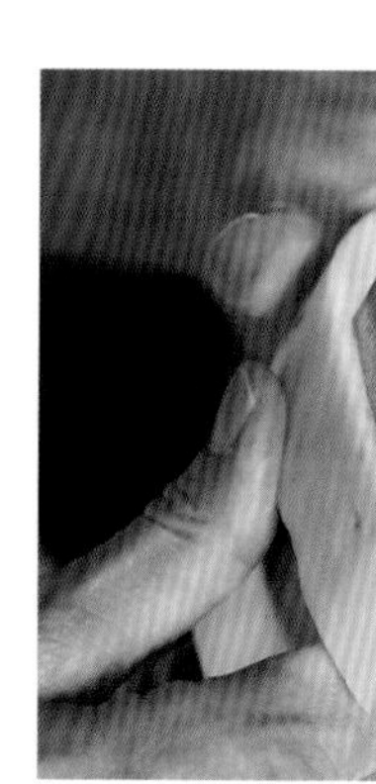

靠近萝卜皮的位置多筋，如要炖煮，削皮时可削厚一些。

在同一面上擦萝卜泥，不会留下纤维。

萝卜炖鸡腿

材料（2人份）

萝卜…400 g
鸡腿肉…1根的量
水菜…1/3把

A 高汤…2杯
酱油、味醂…各1/4杯
砂糖…1½大匙

芝麻油…1大匙

※放凉时间不计。

做法

1 将萝卜切成2 cm厚的片，皮削得厚一些，然后每片切成四块。凉水下锅，开锅后煮15分钟左右。待竹签可顺利插入时，用笊篱捞起控水。

2 将水菜焯水，浸入冷水中。捞出攥干水后，切成5 cm长的段。鸡肉切成适当大小。

3 将芝麻油倒入平底锅中，烧热，下鸡腿肉从带皮侧开始煎。上色后放入萝卜，翻炒均匀。加入**A**，煮开后转小火，盖上铝箔落盖（参见97页图片），煮10分钟左右。关火，如时间充足，可在锅内放凉。

4 加入水菜，以中火迅速加热。

提前煮根菜类食材时，必须遵守『凉水下锅』的原则。

「提前水煮可有效去除异味，突出萝卜的甜辣味。」

天妇罗渣烧萝卜

材料（2人份）

萝卜…400 g
葱…1/4根
红白鱼肉卷…1/2根（60 g）
天妇罗渣…20 g
A 高汤…3杯
味醂…3大匙
酱油…2大匙
淡口酱油…1大匙
砂糖…1小匙

用时 50分钟

做法

1 将萝卜切成2 cm厚的片，皮削得厚一些，然后每片对半切开。凉水下锅，开锅后煮15分钟左右。待竹签可顺利插入时，用笊篱捞起控水。

2 葱切成薄圈，并将红白鱼肉卷切成7~8 mm厚的圆片。

3 将A、萝卜放入锅内，点火，煮开后转小火煮20分钟左右。加入红白鱼肉卷、一半天妇罗渣，再煮5分钟左右。

4 装盘，撒上剩余的天妇罗渣。撒葱圈，根据喜好可撒上七味粉。

「萝卜吸收了天妇罗渣的香浓与鲜美，更加美味多汁。」

萝卜泥的辛辣搭配醋的酸味、砂糖的鲜甜，简直媲美任何调味品。

猪五花萝卜泥

材料（2人份）

萝卜…300 g
猪五花肉片…200 g
小葱…3根

A 醋…3大匙
砂糖…1大匙
盐…少许

B 芝麻油、酱油、味醂…各2大匙

用时 15分钟

做法

1 将萝卜去皮擦成泥，放入笊篱中挤干水，放入碗内，加**A**搅拌。

2 将小葱切成葱花，猪肉切成均匀的3段。

3 锅内煮好开水，关火，放入猪肉搅拌。待肉变色后用笊篱捞出，控水。

4 在另一只碗内将**B**混合好，加入**3**、葱花搅拌。装盘，撒上**1**。

【冬】

菜叶与菜帮子应分开处理

白菜

白菜叶与白菜帮子的柔软度和嚼劲有较大差异。白菜帮子沿纤维纹路纵向切条爆炒，口感非常鲜脆，而横向切条炖煮，则非常软嫩。可以说切法决定了口感。

［挑选诀窍］

包裹紧实者为佳。切开久置之后，切面会变干，或中间会鼓起。

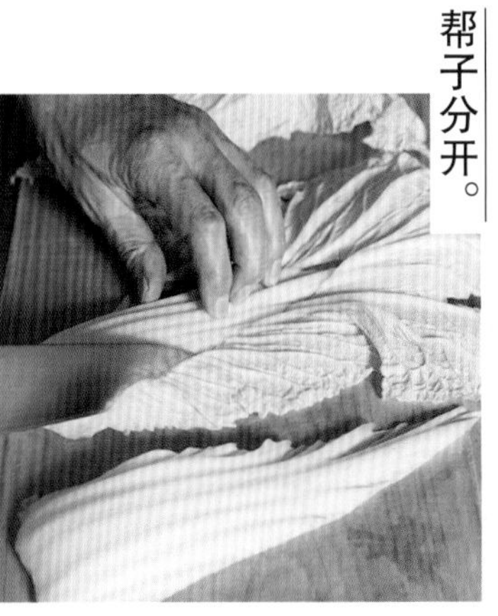

将白菜叶与白菜帮子分开。

顺着纤维纹路切白菜帮子，可以感受到其脆生。

热油浇在花椒上，
浓香袭人。

辣白菜

材料（3~4人份）

白菜…500 g
红辣椒…2个
花椒…1/2小匙
粗盐…1大匙
A 砂糖、醋…各4大匙
  芝麻油…1小匙
色拉油…1大匙

※抹盐后放置的时间与冷藏室内的冷却时间不计。

做法

1 将白菜叶与白菜帮子分开，白菜帮子沿纤维纹路切成5 cm长的条，白菜叶粗切成小块。然后一起放入碗中，以粗盐揉搓，放置20分钟左右。待白菜变软后沥干水。

2 将红辣椒去籽，切成小圈。

3 将1放入碗内，加A混合。上面撒红辣椒、花椒。

4 将色拉油倒入平底锅内，点火，烧至冒烟时关火，浇在3上。整体拌匀，于冷藏室内冷藏。

*冷藏状态下可保存1周左右。

白菜叶与白菜帮子采用不同的切法，可分别做出不同的口感。

白菜蟹肉煲

将柔软的白菜叶煮成软烂状态，以水淀粉勾芡，可以更好地与蟹肉的味道相融合。

材料（2人份）

白菜叶…1/4棵白菜的量
蟹肉（散肉）…60 g
葱…1/2根
A | 高汤…2杯
淡口酱油、味醂…各2大匙
砂糖…1小匙
水淀粉…2大匙
色拉油…1大匙

做法

1. 将白菜叶切成1 cm宽，葱斜切成薄片。
2. 将色拉油倒入平底锅内，烧热，放入白菜叶和葱，炒软。加入蟹肉，迅速翻炒。
3. 加入**A**，煮开后以水淀粉勾芡。

使用市面上常见的冷冻蟹肉即可。

白菜帮子炒肉片

沿纤维纹路切细条，略加翻炒，可保留白菜帮子的最佳口感。

材料（2人份）

白菜帮子…1/4棵白菜的量
猪肉丝…200 g
A 清酒…3大匙
酱油…2大匙
砂糖…1/2大匙
色拉油…1大匙

用时 10分钟

做法

1 沿白菜帮子的纤维纹路将其切成5 cm长的细条。

2 将色拉油倒入平底锅内，烧热，加入猪肉翻炒至变色，放入白菜帮子，炒至略软。加**A**迅速翻炒。

3 装盘，根据喜好可撒上葱花和辣椒粉。

炸沙丁鱼

【冬】

材料（3~4人份）

葱…1根
小沙丁鱼干…30 g
胡萝卜…50 g
A 蛋黄…1个
冷水…3/4杯
面粉…80 g
面粉、炸制用油、盐…适量

做法

1 将葱切成1 cm长的小段，胡萝卜切成3 cm长的细丝。

2 将**A**放入碗中，搅拌成面糊。

3 在另一只碗中放入小沙丁鱼干和**1**，加面粉裹匀碗内食材。再加入**2**轻轻搅拌均匀。

4 将油倒入锅内，烧至170 ℃，用小勺挖取**3**滑至锅内，待表面成形后，不断翻面炸3~4分钟，待酥脆后捞出控油。装盘，加盐。可根据喜好将柠檬切成厚半月形作为点缀。

用时 20分钟

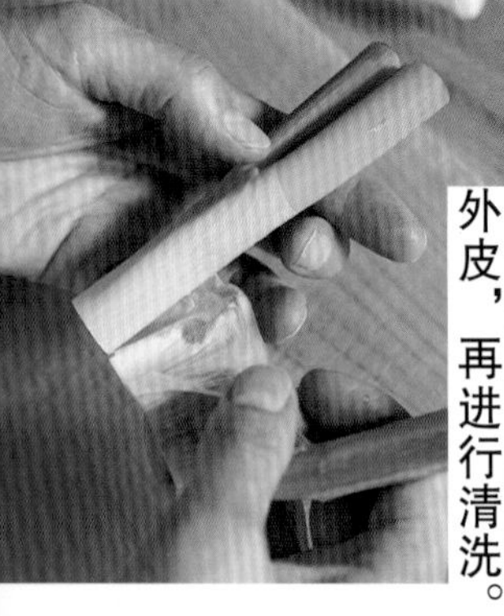

葱先剥掉沾有沙子的外皮，再进行清洗。

「为保证成品的酥脆感，应以凉水调面糊。」

葱

享受炒熟后的香甜

葱是和食中不可缺少的作料之一。生葱具有独特的香味与辛辣味，可以诱发出食材的真味。而且炒熟的葱口感变甜、变软，颇具『魅力』。

［挑选诀窍］
葱白紧实有光泽，葱叶无褐色或黄色斑点者较为新鲜。

梅干焖肉

材料（2人份）

葱…1根
碎猪肉…300 g
小葱…10根
梅干…2个
生姜…10g
大蒜…1瓣

A
清酒、砂糖、色拉油…各1大匙
盐…1/2小匙
粗磨黑胡椒…少许
马铃薯淀粉…1小匙

用时 20分钟

做法

1. 将整根葱斜切成薄片，小葱切成5 cm长的葱段。
2. 将梅干去核拍扁。将生姜与大蒜切成末。
3. 将猪肉和**2**放入碗中，加**A**，以手揉搓。
4. 在砂锅内铺上**1**，加1/2杯水，上面放**3**，加盖，点火。煮开后转小火，再焖10分钟左右，可根据喜好撒上极细辣椒丝。

猪肉铺在葱上，葱能充分吸收猪肉的鲜香。

家常料理之诀窍 ❷

摆盘可提升『味道』

菜品的品相在于『摆盘』。摆盘可使菜品看起来更加美味，反之，也可使菜品看起来很糟糕。只要稍微用点心，日常菜式便可增色三分。

「注重立体感。」

将炸菜或炖菜等摆成中间隆起的立体形状，会使整体显得灵动，更容易勾起食欲。芝麻凉拌菜或拌青菜等摆盘时，只需摆成中间隆起的造型，便立刻产生了精致优雅的美感。

炖菜装盘时，使中间堆高，打造出立体感。

「主菜在右，配菜在左。」

左侧中央摆放生菜作为配菜。

萝卜泥与酸橘等作料放于右前。

为方便夹取，主菜放于右侧，左侧中央堆放生菜等配菜，可使菜品更为美观。萝卜泥或芥末酱等作料放于右前，方便就餐时取用，整体视觉上也更加协调。

「装盘时务必留白。」

留白衬托出高雅之感。

装盘时，餐具七成的面积盛放料理，另外三成保持空白，可以提升菜品的美观度，使菜品看上去更有吸引力。用圆形餐具盛装方形菜品、方形餐具盛装圆形菜品，就自然而然地留出空白了。

「餐具也分季节。」

不同的摆盘方式，不同的餐具可以赋予餐桌不同的季节感。夏季蔬菜颜色丰富，使用白色餐具显得更加漂亮。增加餐具的留白或使用玻璃餐具给人以清凉可口的感觉。冬季使用陶制餐具，则让人感到温暖。

玻璃餐具让食物看上去清凉爽口。

朴素的陶制餐具别有一番冬日意趣。

第3章 鸡肉料理是最佳美味

烤鸡肉串店少掌柜独家心法

我的父亲经营着一家名为『鸡将』的烤鸡肉串店，从小我便端坐于店铺一隅，隔着柜台打量父亲穿肉串的样子。因此，我比别人更迷恋鸡肉菜品。我相信，凭着可以将鸡肉烧得松软的独门功夫，以及能使鸡皮与肥肉都变得好吃的秘诀，我一定可以教你做出性价比最高的家常菜式。

鸡腿肉

煮透后应慢慢加热

水分较多，不易煮透。待差不多煮熟后，继续烧制片刻，味道更好。

腌制时加入鸡蛋，可使鸡肉更为松软。梅子塔塔酱可解腻。

南蛮炸鸡佐梅子塔塔酱

材料（2人份）

鸡腿肉…250 g
葱…1/3根
A 酱油、味醂…各1大匙
鸡蛋（打散）…1个
粗磨黑胡椒…少许

南蛮汤汁
酱油…2大匙
醋…3大匙
砂糖、芝麻油…各1大匙
辣椒粉…1/2小匙

梅子塔塔酱
梅干…2个
薤末…2大匙
蛋黄酱…2大匙
酱油、砂糖…各1小匙

面糊
马铃薯淀粉…2大匙
面粉…1大匙

炸制用油…适量

做法

1 将鸡肉切成适当大小，加**A**揉搓，放置5分钟左右，待其入味。

2 葱切成末，与南蛮汤汁材料混合。将制作梅子塔塔酱所用的梅干去核并用刀拍扁，与其他材料混合。

3 将制作面糊的材料混合好，裹于**1**上。

4 将油倒入锅内，烧至170 ℃，放入**3**，边翻边炸，3~4分钟后捞出控油。

5 将**4**装盘，依次倒入南蛮汤汁、梅子塔塔酱。根据个人喜好，可加入混合好的生菜丝与青紫苏丝。

龙田炸牛蒡鸡

材料（2人份）

鸡腿肉…1根的量
牛蒡…80 g
小青辣椒…4个
马铃薯淀粉…适量
A 姜泥…1小匙
酱油、味醂…各3大匙
炸制用油…适量

※腌制入味时间不计。

做法

1 将牛蒡带皮刷洗干净，切成5 cm长的段，再纵切成两半。

2 将牛蒡下锅，加水没过牛蒡，开火煮至牛蒡变软，倒掉汤汁。

3 将鸡肉切成适当大小，放入碗中，加**2**、**A**抓拌，腌制15分钟，沥水后裹一层马铃薯淀粉。用竹签在小青辣椒上扎上小孔。

4 将油倒入锅内，烧至170 ℃，放入小青辣椒快速素炸，捞出控油。然后放入鸡肉与牛蒡，边翻边炸，4~5分钟后捞出控油。装盘，如手边有酸橘，可将其对半切开，作为点缀。

浸炸鸡腿与蔬菜

鸡肉炸两遍，利用余热控制火候。肉的香味决定了这道菜的味道。

材料（4人份）

鸡腿肉…1根的量
茄子…1个
彩椒（红）…1/2个
西葫芦…1/2个
南瓜…1/8个
香菇（小的）…4个
A 高汤…3杯
味醂、酱油…各3½大匙
盐、粗磨黑胡椒…各少许
面粉…适量
炸制用油…适量

※放凉时间与冷藏室内冷却时间不计。

做法

1. 将**A**倒入锅内，开火，煮沸后关火，倒入方形平底盘内放凉。
2. 将茄子去蒂，切成适当大小，彩椒切成边长约3 cm的小方片，西葫芦切成1 cm厚的片，南瓜去籽去瓤，切成5 cm厚的楔形块，香菇去柄。
3. 将鸡肉切成小块，撒盐和黑胡椒，然后裹上面粉。
4. 锅内倒油烧至170 ℃，将**2**的各种材料分别素炸3分钟左右，控油后立即倒入**1**中。
5. 将**3**下锅炸3分钟左右，控油后放3分钟左右，再次放入170 ℃油中，炸2分钟左右，倒入**1**中。盖上保鲜膜，于冷藏室内放置2小时左右使入味。
6. 装盘，浇汤汁，如有酸橘片，可作为点缀。

炸制出锅后，立即倒入已放凉的**1**中，利用温度差加速入味。

脆煎鸡肉

「小火煎，其间不断按压，将鸡皮煎至酥脆。」

材料（2人份）

鸡腿肉…250 g

葱…1/2根

A 萝卜泥…4大匙

盐…1/3小匙

芝麻油…1小匙

粗磨黑胡椒…少许

盐…少许

色拉油…1大匙

柠檬…1/4个

用时 25分钟

做法

1 葱切成末，与**A**混合在一起。

2 在鸡肉上均匀撒盐。

3 将色拉油倒入平底锅内，烧热，将鸡肉带皮侧朝下放入锅内。用铲子轻压鸡肉，使带皮侧紧贴锅底，小火煎7~8分钟。待鸡皮变脆后翻面，中火煎3~4分钟，直至煎透。

4 将**3**切成适当大小，点缀上**1**与柠檬。可根据喜好将生菜撕成小块装盘。

以皮覆肉卷起来，煮熟后肉质将更加鲜嫩多汁。

叉烧鸡肉鹌鹑蛋

材料（4人份）

鸡腿肉…2根的量
鹌鹑蛋…8个
葱（葱白）…1/3根
大蒜…2瓣
莴苣叶…适量
黑胡椒…少许

A
- 干海带（高汤用）…5 g
- 水…2½杯
- 酱油…1杯
- 清酒…1/2杯
- 砂糖…5大匙

芥末酱…适量

做法

1 将葱切成5 cm长的葱段后再纵切成丝，浸泡于水中。将大蒜切成片。

2 去除多余的鸡油。从肉厚处切下一部分补于肉薄处，保持整体厚薄均匀。沿纵向每隔1 cm划花刀，撒黑胡椒（仅鸡肉侧撒，鸡皮侧不撒）。然后以皮覆肉卷起来，用丝线捆扎。

3 往锅内放入大蒜和**A**，开火，煮沸后放入鸡肉，盖上铝箔落盖（参见右图），小火煮20分钟左右，其间不时翻面。

4 关火，放入鹌鹑蛋，然后放凉。

5 取出鸡肉，拆掉丝线后切成适当大小装盘。再加入鹌鹑蛋、莴苣叶、控干水的葱丝、芥末酱。

用时 35分钟

※放凉时间不计。

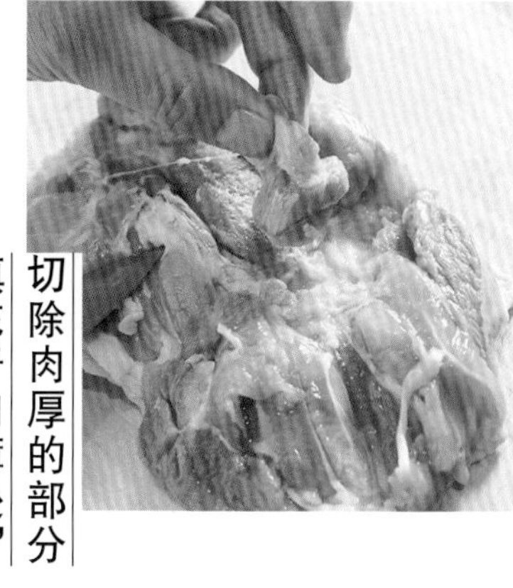

切除肉厚的部分填充于肉薄处，使整体厚度均匀。

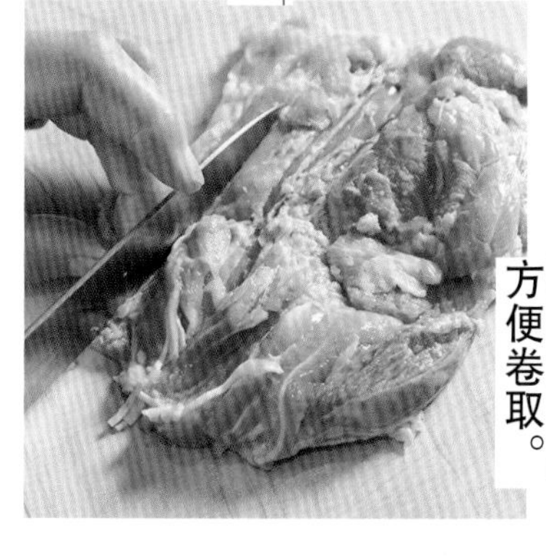

沿纵向划花刀，方便卷取。

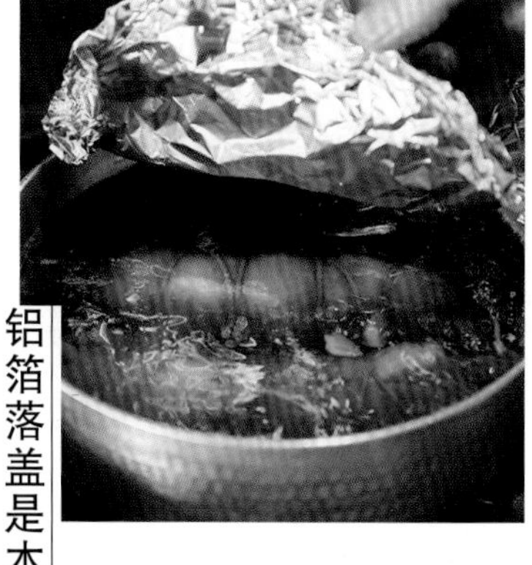

铝箔落盖是本道菜的秘密武器。

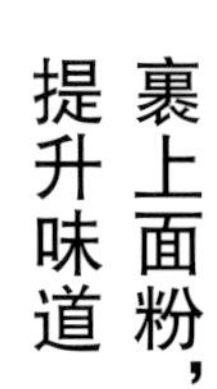

鸡胸肉

鸡胸肉脂肪较少，容易炸焦。将其裹上面粉炸，可防止肉中的水分流失，使肉质更加鲜嫩。

鸡皮与鸡肉分开炸，可以品尝到两种不同的味道。

南蛮鸡胸肉

材料（2~3人份）

鸡胸肉…2块（250 g×2）
洋葱…1个
胡萝卜…80 g
青椒…2个
红辣椒…2个
干海带（高汤用）…5 g
盐、胡椒粉…各少许
面粉…少量

A
水…3杯
醋…1½杯
砂糖…6大匙
淡口酱油…3大匙
盐…2小匙
柠檬汁…1个的量

炸制用油…适量

做法

1 将洋葱切成薄片，胡萝卜、青椒切成丝，红辣椒切成块去籽。在碗中将**A**混合好，待砂糖溶化后加入洋葱、胡萝卜、青椒、红辣椒与海带。

2 将鸡肉去皮，肉和皮分别切成一口大小。用盐、胡椒粉腌制后，分别裹上面粉。

3 将油倒入锅内，烧至170 ℃，放入鸡肉炸3~4分钟，然后放入鸡皮炸酥。捞出控油，趁热倒入**1**中。盖上保鲜膜，于冷藏室内放2小时以上使入味。

※入味时间不计。

鸡胸肉煮三菇

材料（2人份）

鸡胸肉…200 g
蟹味菇…1袋
金针菇…1袋
香菇…2个
马铃薯淀粉…适量
A 高汤…2杯
淡口酱油、味醂…各2大匙
小葱葱花…适量

做法

1 将蟹味菇、金针菇去蒂撕散，香菇去蒂掰成小块。鸡胸肉去皮，切成1 cm厚的片，裹上马铃薯淀粉。

2 将**A**倒入锅内，开火，煮沸后放入三种菇，大火继续煮。

3 再次煮开后放入鸡肉一起煮。

4 待肉熟且汤汁浓稠时装盘，撒上葱花。

抖掉多余的淀粉，保证口感爽滑。

淀粉在鸡肉表面形成一层膜，使成品外表饱满，内部多汁。

小火慢煮，诱发出鸡骨的香味

鸡翅

鸡骨的味道非常鲜美，骨头周围的肉特别好吃，一起来大快朵颐吧！

「白菜与粉丝吸收了鸡翅浓浓的香味，滋味简直妙不可言！」

鸡翅白菜煮粉丝

材料（4人份）

鸡翅…8个
白菜…1/2棵
粉丝…80 g
干香菇…5个
A 水…10杯
干海带（高汤用）…10 g
清酒…1杯
芝麻油…4大匙

※干香菇泡发时间不计。

做法

1 将干香菇淘洗后放入碗中，加入**A**，泡发3小时左右，去柄切成薄片，放入泡发后的汤汁中。

2 将粉丝用温水泡发后控水。白菜分出叶与帮子，叶子切小，帮子切成5 cm长的条。

3 将**1**与鸡翅加入砂锅内，开火，煮开后放入白菜帮子，转小火煮20分钟左右。捞出海带，撇除浮沫后加白菜叶，淋入**2**大匙芝麻油，煮10分钟左右。再放入粉丝煮5分钟左右，淋入剩余的芝麻油。

4 分盛入餐具中，根据喜好，可添加适量的盐与辣椒粉。

甜辣鸡翅

材料（便于制作的量）

鸡翅…10个
马铃薯淀粉…适量

A 清酒…2大匙
盐…1/2小匙

B 清酒、酱油、味醂…各4大匙
醋…2大匙
砂糖…1大匙
姜泥、蒜泥…各1小匙

粗磨黑胡椒…少许
熟白芝麻…1大匙
炸制用油…适量

做法

1 用叉子在鸡翅上均匀地扎上小孔，用**A**揉搓后放置5分钟使入味。擦干料汁后裹上一层马铃薯淀粉。

2 将油倒入锅内，烧至170 ℃，下鸡翅炸4~5分钟至酥脆。

3 将**B**倒入平底锅中，开火，煮至汤汁稍微浓稠后放入**2**，继续煮至收汁。撒黑胡椒、芝麻。

提到名古屋特产，可少不了甜辣鸡翅。大人小孩通通爱吃得停不下来。

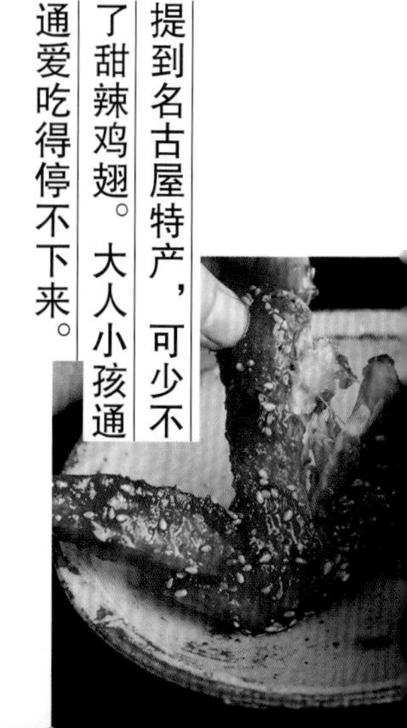

煮鸡翅时，用浓郁的喼汁调味，香气四溢，让人口舌生津。

喼汁鸡翅

材料（2人份）

鸡翅…6个
煮鸡蛋…4个
A 水…1杯
喼汁、清酒…各1/2杯
砂糖、酱油…各1小匙
粗磨黑胡椒…少许

用时 30分钟

做法

1 平底锅内不倒油，将鸡翅带皮侧朝下摆放入锅，转稍弱的中火煎至上色。翻面，将另一面也煎至上色。

2 将**A**混合好，倒入锅内，煮开后放入鸡蛋。盖上铝箔落盖（参见97页图片），中火煮15分钟左右，关火，放凉。

3 装盘后撒黑胡椒，根据喜好，可加葱丝作为点缀。

煎制过程中尽量不要翻动，煎至上色，可使食物的香味更为浓郁。

彩椒浸润了鸡翅的香味，颜值已够诱人，味道更胜一筹。

三色椒焖鸡翅

材料（2~3人份）

鸡翅…6个
彩椒（红、黄、绿）…各1/2个
A 高汤…3杯
味醂、酱油…各2½大匙
熟白芝麻、粗磨黑胡椒…各少许

※放凉时间、冷藏室内冷却时间不计。

做法

1 将彩椒分别切成丝，鸡翅从关节处切除翅尖留用翅中。

2 将A和鸡翅放入锅内，开火，煮沸后转小火，继续煮10分钟左右。加入彩椒，以大火煮制，然后关火、放凉。用保鲜膜将锅封好，或倒入保存容器后用保鲜膜封好，放入冷藏室冷却。

3 装盘，淋上煮制汤汁，彩椒上撒芝麻，鸡翅上撒黑胡椒。

将鸡肉末炒散，非搅散。香气四溢，口感甚好

鸡肉末

炒鸡肉末时溢出的汁水有特殊的气味，因此需小火慢炒，使此气味随水分散去。

炸土豆淋鸡肉末

材料（3~4人份）

鸡肉末…100 g
新土豆（小个）…14个
小葱葱花…3根的量
姜末…5 g
水淀粉…1大匙
A 高汤…1杯
　酱油、味醂…各1大匙
炸制用油…适量
色拉油…1大匙
辣椒粉…少许

用时 20分钟

做法

1. 将土豆带皮清洗后擦干。锅内倒油烧至160 ℃，放入土豆炸10分钟左右，炸透后捞出控油。
2. 将色拉油加入平底锅内，烧热，放入鸡肉末、姜末炒制。慢慢地将鸡肉末炒散后加**A**，煮开后撇除浮沫。用水淀粉勾芡，加葱花，关火。
3. 将**1**装盘，浇上**2**，撒辣椒粉。

「鸡肉末炒至上色，可做出松散不黏腻的浇头。」

鸡肉末筑前煮

松散不黏腻的鸡肉末与蔬菜的味道相得益彰，堪称绝配。

材料（2人份）

鸡肉末…150 g
胡萝卜…1/2根
莲藕…150 g
芋头…4个
荷兰豆…8枚
A 高汤…1½杯
酱油、味醂…各2大匙
砂糖…1大匙
芝麻油…1大匙

用时 30分钟

做法

1 将胡萝卜切成适当大小。将莲藕切成1 cm厚的半月形，淘洗，控水。将芋头切成适当大小，荷兰豆去筋。

2 将芝麻油倒入平底锅内，烧热，放入鸡肉末炒散。再加入胡萝卜、莲藕、芋头继续翻炒均匀，直至充分入味。加**A**，煮开后转小火，盖上铝箔落盖（参见97页图片），煮10分钟左右。

3 撒荷兰豆，煮3分钟左右关火。捞出荷兰豆切丝。

4 装盘并撒上荷兰豆丝。

只要学会穿制一种烤串，其他种类都不在话下

烤鸡肉串

从易切的鸡腿肉或鸡胸肉开始尝试会比较轻松。只要记住穿制方法，便可尝试多种材料的烤串，体验一把在烤串店就餐的感觉。

㊀ 盐焗鸡翅

㊁ 盐焗鸡腿肉

㊂ 芥末烤鸡胸肉

㊃ 甜辣酱烤鸡肉丸

㊄ 甜辣酱烤鸡腿肉

㊅ 甜辣酱烤鸡肝

品味鸡皮的鲜香

【盐焗鸡翅】

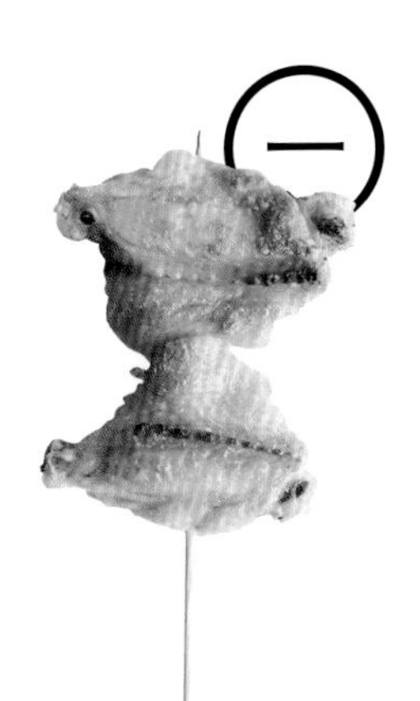

材料（5串用量）

鸡翅（非大个）…10个
盐…适量

做法

1

从关节处切除翅尖留用翅中。使鸡皮侧朝上，切除前端较薄部分。

2

鸡翅内有2根骨头，应从细骨一侧的肉厚处下刀。

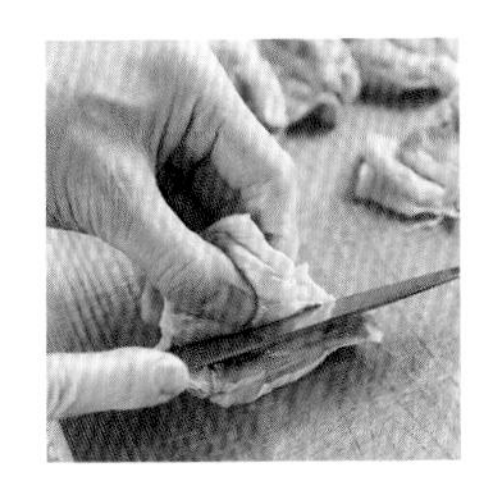

3

在细骨的两侧切浅口，露出骨头，用刀剔除。

4

进一步切开鸡翅，整理形状。

5

使带皮侧朝下，将竹签从鸡骨下面穿过，像缝针一般将肉串穿好。再以同样的方式穿好其他肉串。撒盐，进行双面烤制。

●烤制方法请参考下页。

烤鸡肉串店原店主亲自传授

穿肉串的技巧

肉的种类不同，穿制技巧也有差别。在此，将以鸡腿肉为例介绍基础的穿制方法。

在砧板上穿制

使带皮侧朝上，将肉稍微弯曲，置于砧板上，用竹签从中心处穿过。

缝针式穿制

上下移动竹签前端，如缝针般穿制，可防止肉来回转动。

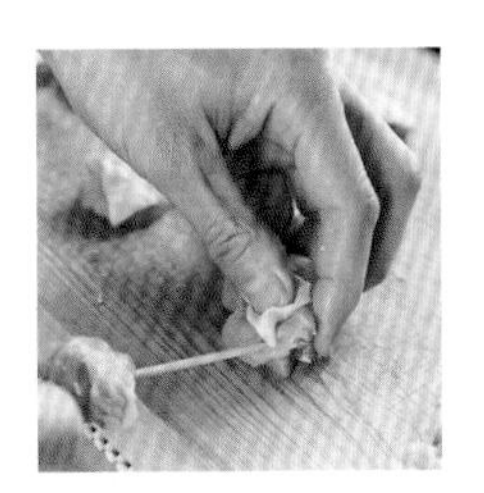

将肉挤紧

以同样的方式穿好后，将肉挤紧，否则空隙部位容易烤焦。

竹签前端留出5 mm左右的余量

为避免烤焦，竹签前端应留出5 mm左右的余量。尽量在离火苗较近的中间位置穿制大块鸡肉，两端穿制小块鸡肉。

辣味是关键

【 芥末烤鸡胸肉 】

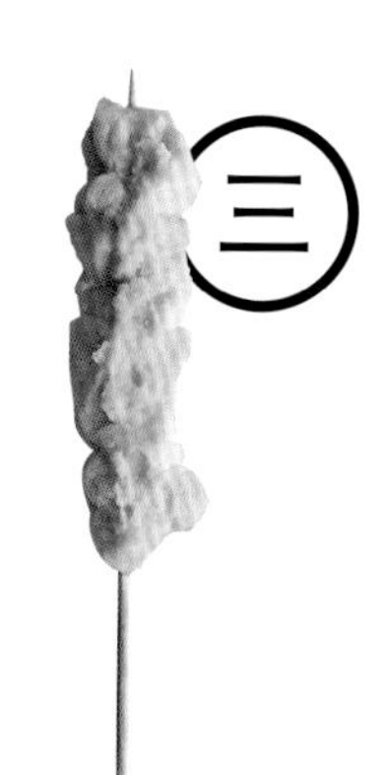

材料（7~8串用量）

鸡胸肉…1块
盐…适量
芥末酱…少许

做法

去皮切成2 cm宽的肉条，横向摆放后再切成2 cm宽的肉块。用竹签将每4块鸡肉缝针般穿成一串。然后撒盐，两面烤制，抹芥末酱。

用盐诱发出美味

【 盐焗鸡腿肉 】

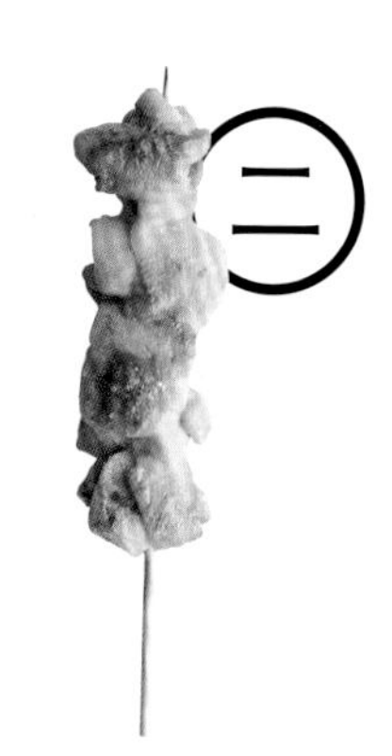

材料（7~8串用量）

鸡腿肉…1根的量
盐…适量

做法

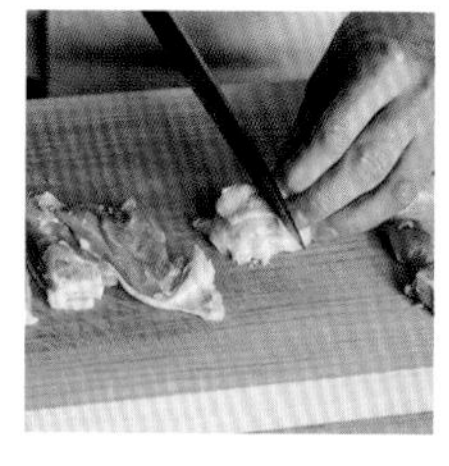

将带皮侧朝下，切成2 cm宽的肉条。将每块肉条的带皮侧朝上，横向摆放，再切成2 cm宽的肉块。用竹签将每4块鸡肉缝针般穿成一串。然后撒盐，两面烤制。

[烤制技巧]

带皮的肉串从带皮侧开始烤制。

烤至上色，只翻一次面。

烤制方法

将烤鱼网置于烤炉上，烧热后摆放肉串。一面烤至上色后翻面，将另一面也烤至上色，中间烤透。其间如有烤焦迹象，则减小火力或将烤串移位。如无烤鱼网，使用烤鱼架或平底锅亦可。

软嫩香浓

【甜辣酱烤鸡肝】

材料（7~8串用量）

鸡肝（带鸡心）…300 g
烤鸡肉串用甜辣酱（参见本页说明）…适量

做法

1

有白色油脂者为鸡心，先将鸡心与鸡肝分开。

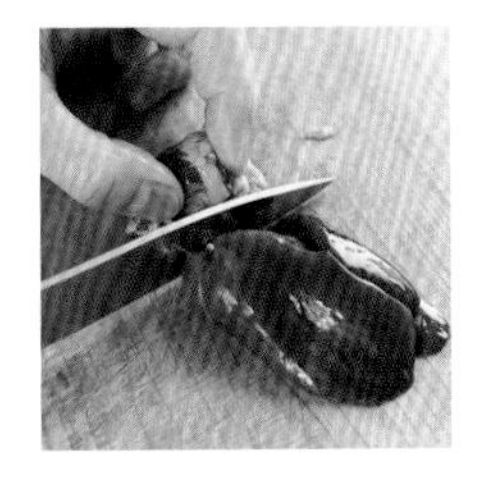

2

切除鸡心上的白色油脂。然后将鸡心纵向划开一道口子，用刀尖剔除血块后，切成两半。

3

将两叶鸡肝切开，如较大可切成3块，较小可切成2块。

4

将切好的鸡肝与鸡心团起，按照1块鸡心、3块鸡肝、1块鸡心的顺序，用竹签像缝针般穿成一串。两面烤制，刷上烤鸡肉串用的甜辣酱后，迅速烘烤正反两面。

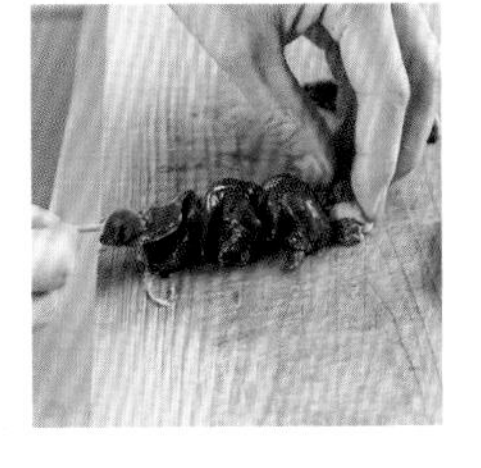

用洋葱碎使鸡肉丸更柔软

【甜辣酱烤鸡肉丸】

四

材料（5~6串用量）

鸡肉丸
（做法参见110页“鸡肉丸与鸡汤”）…15~18个
烤鸡肉串用甜辣酱（参见本页说明）…适量

做法

用竹签穿鸡肉丸，每3个为一串。两面烤制，刷上烤鸡肉串用甜辣酱后，迅速烘烤正反两面。

香味沁人心脾

【甜辣酱烤鸡腿肉】

五

材料（7~8串用量）

鸡腿肉…1根的量
烤鸡肉串用甜辣酱（参见本页说明）…适量

做法

按照与“盐焗鸡腿肉”（参见108页）相同的方式切肉块，用竹签将每4块鸡肉缝针般穿成一串。两面烤制，刷上烤鸡肉串用甜辣酱后，迅速烘烤正反两面。

秘制烤鸡肉串用甜辣酱

材料（便于制作的量）与做法

锅内倒味醂与酱油各180 mL、砂糖50 g，中火煮开后转小火继续煮5分钟左右，关火，放凉。

*如有剩余，则放入干净的保存罐内，置于冷藏室中，大约可保存1个月。还可用于照烧三文鱼、照烧汉堡牛肉饼等。

鸡肉丸与鸡汤

材料（便于制作的量）

鸡腿肉末…250 g
洋葱…250 g
蛋液…1/2个的量
A 味醂、酱油…各1大匙
砂糖…1/2大匙
盐…少许
玉米淀粉…1大匙
干海带（高汤用）…10 g
清酒…1杯
B 味醂、淡口酱油…各少许
盐、粗磨黑胡椒…各少许
小葱葱花…少许

用时 25分钟

做法

1. 将洋葱切成末，用纱布包裹，攥干水。
2. 碗内放入肉末、蛋液，用手揉拌均匀。加入**1**与**A**，继续揉拌至有黏性为止。
3. 将海带放入锅内，加2 L水，倒入清酒，大火烧开后转小火，用勺子挖取**2**下入锅内，待肉丸浮起后捞出，用于制作109页的“甜辣酱烤鸡肉丸”。
4. 将**B**倒入煮汤内调味，盛入容器中，撒葱花。

副产品也可成为新菜品

煮制鸡肉丸的汤十分鲜美，也不失为一道佳肴。

如洋葱水分多，则肉丸易散，应攥干水。

专业吃法为，将肉丸从竹签上取下，以生青椒裹起食用。

肉丸靠洋葱，煮汤靠海带。它们成就了这款浓香四溢的上品鸡汤。

第4章 鱼类最易烹饪

了解食材特性，大胆放手烹饪

鲜香易熟，如足够新鲜，哪怕直接食用也是令人叫绝的美味。海鲜是不折不扣的精灵食材。烹制海鲜最关键的是烧制前的处理。只要严格做好擦干水、汆水等去腥工作，料理小白也能做出精致的海鲜大餐。

切勿烹制过度

最适合切块的鱼

三文鱼

无需切片即可使用，非常方便。如烹制过度，鱼肉会变硬或变散，需注意这一点。

炸三文鱼佐柿子塔塔酱

材料（2人份）

生三文鱼…3块
柿子…1/4个
小葱…2根
A 蛋黄酱…3大匙
淡口酱油、醋…各1小匙
芥末酱…1/3小匙
盐、胡椒粉…各少许
面粉、面包糠…各适量
蛋液…1个的量
炸制用油…适量

做法

1 将柿子切成5 mm见方的小块，小葱切成葱花，一起放入碗中，加入**A**。制成柿子塔塔酱。

2 将三文鱼擦干水、去小刺，然后切成一口大小，撒盐和胡椒粉。再依次沾裹上面粉、蛋液、面包糠。

3 将油倒入锅内，烧至170 ℃，放入**2**炸2~3分钟，其间不断翻动，捞出控油。装盘后加**1**，根据喜好，可以酸橘调味，将酸橘4等分后放入即可。

＊可用猕猴桃或菠萝替代柿子。

用时 20分钟

只需擦干水这一个步骤，便可将腥味基本去除。

用手轻触鱼块，剔除可以摸到的小刺。

从带皮侧开始煎至酥脆，辅以烘烤，诱发出鱼的鲜香。

杏仁照烧三文鱼块

材料（2人份）

生三文鱼…2块
小青辣椒…8个
萝卜…100 g
杏仁片…20 g
盐…少许
A 清酒、味醂…各3大匙
　酱油…1大匙
色拉油…1大匙

做法

1. 将杏仁片放入平底锅内炒香。将萝卜擦成泥，放笊篱内挤干水。将小青辣椒剖开。将三文鱼上的水擦干。
2. 将色拉油倒入平底锅内，烧热，从带皮侧开始煎制三文鱼，一面完成再煎另一面。将小青辣椒放入锅内空白处，变色后盛出，撒盐。
3. 三文鱼煎熟后，擦除平底锅内的剩油，倒入**A**，煮至收汁。再加入杏仁片迅速翻动混合。然后装盘，加萝卜泥。

鰤鱼

葱黄油酱油浇鰤鱼排

材料（2人份）

鰤鱼…2块
洋葱…1/4个
小葱…3根
盐、粗磨黑胡椒…各少许
面粉…适量
A 清酒、味醂…各2大匙
醋、酱油…各1大匙
色拉油…1大匙
黄油…20 g

用时 20分钟

做法

1. 将洋葱切成末，小葱切成葱花，并将**A**混合好。
2. 将鰤鱼上的水擦干，撒盐、黑胡椒入味，再裹上一层薄薄的面粉。
3. 将色拉油倒入平底锅内，烧热，放入**2**，将两面煎至上色后装盘。
4. 将平底锅清洗干净，用小火熔化黄油，再放入洋葱、小葱，以中火炒软。加入**A**煮开，然后关火，浇在**3**上。根据喜好可添加西洋菜（切成2段）与整粒黄芥末酱。

鰤鱼炖牛蒡

材料（3～4人份）

鰤鱼…6块
牛蒡…250 g
干海带（高汤用）…5 g
A 水…3杯
清酒…1/2杯
酱油…1/4杯
味醂、砂糖…各2大匙

做法

1 将牛蒡切成5 cm长的滚刀块，凉水下锅，煮开后继续煮10分钟左右，直至牛蒡变软，用凉水浸泡，沥干水。将鰤鱼切成适当大小，迅速汆水，再把热水倒掉。

2 在平底锅内加**1**，倒入**A**，放入海带，开火，煮开后撇除浮沫，盖上铝箔落盖（参见97页图片），煮10分钟左右。取掉铝箔落盖，稍微加大火力，边把锅内汤汁舀起淋到鰤鱼和牛蒡上边煮5分钟左右，待汤汁浓稠后关火。

3 装盘，根据喜好，可放上5 cm长的小葱段和香橙皮碎。

*冷藏条件下可保存3天左右。

将牛蒡提前煮好后下锅，以免鰤鱼煮制过度。

鰤鱼和牛蒡堪称绝配。最后加大火力，将汤汁收浓。

裙带菜烧旗鱼

旗鱼

材料（2人份）

旗鱼…2块
裙带菜（盐渍）…50 g（净重）
胡萝卜…30 g
香菇…1个
鸭儿芹…2根
鸡蛋…1个
A 清酒、酱油…各1大匙
  砂糖…1小匙
盐…少许
色拉油…2大匙

做法

1 冲洗掉裙带菜上的盐，攥干水，切碎。将胡萝卜切成3 cm长的丝，香菇去蒂切成薄片，鸭儿芹切成1 cm长的小段。

2 在平底锅内倒入1大匙色拉油，烧热，加入**1**翻炒。待全部变软后加入**A**，翻炒收汁。关火，鸡蛋打散后倒入锅内，全部混合好。

3 在旗鱼上撒盐进行腌制。平底锅内倒入1大匙色拉油，烧热，放入旗鱼，两面煎熟。

4 将**3**放于烤箱托盘内，上面放**2**。用烤箱烤至上色后装盘，根据喜好，可加入对半切开的酸橘作为点缀。

用添加蛋液的食材调味，可使原本口味清淡的旗鱼华丽变身为味道醇厚的菜肴。

生姜烧旗鱼

材料（3～4人份）

旗鱼…3～4块
洋葱…1个
面粉…3大匙
A 姜泥…1小匙
清酒、味醂、酱油…各3大匙
蜂蜜…2大匙
粗磨黑胡椒…少许
色拉油…3大匙

做法

1 将洋葱切成薄片。将旗鱼切成适当大小，裹上面粉。将**A**混合好。

2 在平底锅内倒入1½大匙色拉油，烧热，将旗鱼两面煎至酥脆后盛出。擦净平底锅内的剩油，加入1½大匙色拉油，烧热，放入洋葱翻炒。

3 待洋葱变软后，再次加入旗鱼翻炒，加**A**煮至收汁。装盘，根据喜好可添加甘蓝（切成丝）与小番茄，最后撒上黑胡椒。

*冷藏条件下可保存3天左右。

竹筴鱼

青鱼

去掉腥味口感更佳

在汆水等预处理阶段仔细处理，去掉腥味。亦可搭配调味香草、梅干和醋。

龙田炸竹筴鱼佐番茄酱

材料（2人份）

竹筴鱼（已三枚切处理）…2条的量
番茄…1个
青紫苏…5片
葱…1/3根

A 酱油、味醂…各1大匙
粗磨黑胡椒…少许

B 高汤…1½杯
淡口酱油、味醂…各2大匙

水淀粉、马铃薯淀粉、炸制用油…各适量

*三枚切是一种分割鱼的方式：用刀沿着鱼的中骨，将鱼剖成三片（2个鱼身片和1个鱼骨片。一般只用2个鱼身片，弃掉鱼骨片）。

用时 20分钟

做法

1. 将番茄切成大块，青紫苏、葱切成末。将竹筴鱼鱼身片每片3等分，加入**A**进行腌制。
2. 做浇头。将**B**倒入锅内，放入番茄，开火，煮开后加青紫苏、葱，以水淀粉勾芡。
3. 将竹筴鱼裹上马铃薯淀粉。锅内倒油，烧至170 ℃，放入竹筴鱼炸2分钟，其间翻动，取出控油，装盘，然后浇上**2**。

「临下锅前裹上淀粉，炸出来更加酥脆。」

盐焗竹筴鱼佐黄瓜酱

「划十字形花刀，鱼皮不会收缩，也不会破。」

材料（2人份）

竹筴鱼…2条
黄瓜…1根
盐…适量

A 色拉油…2大匙
味醂、淡口酱油…各1小匙
辣椒粉…少许

做法

1. 从尾部下刀，将竹筴鱼尾部至棱鳞的部分切下。由鳃盖骨处用手指将左右鳃同时摘除。在胸鳍下方拉约2 cm长的开口，伸入手指摘除内脏，清洗干净后擦干水。装盘，在朝上的一面划十字形花刀，撒少许盐。用烤鱼架，将两面烤至上色。
2. 用盐搓洗黄瓜，两端各切除1 cm左右，去除苦味，然后擦成泥，挤干水，放入碗中，加**A**拌匀。
3. 将**1**装盘，加入**2**，根据喜好，可加入对半切开的酸橘作为点缀。

＊所谓棱鳞，指靠近尾部的鱼鳞，为刺状锯齿形。

秋刀鱼

「横切成块比三枚切（剖成三片）更容易。慢慢炖煮，咸甜均浸入鱼肉，酥软可口。」

由胸鳍根部斜向下刀，切掉鱼头。

沙丁鱼

「汆水后，用梅干与醋煮制。腥味立除，口感更佳。」

梅煮沙丁鱼

材料（2人份）

沙丁鱼…4条
香菇…4个
梅干…4个
生姜…20 g

A 水…1½杯
清酒、酱油、味醂…各4大匙
砂糖、醋…各1大匙

做法

1. 将沙丁鱼去头与内脏，用水清洗。逐条放入漏勺中。放入80 ℃左右的热水中，待表面变色后放入冰水（或冷水）中。捞出，擦干水。
2. 将香菇去蒂，生姜一半切片一半切丝。
3. 将**A**倒入锅内开火，煮开后放**1**、梅干、香菇，盖上铝箔落盖（参见97页图片），煮10分钟左右。
4. 加入姜片，收汁。装盘，撒姜丝。

用时 25分钟

汆水可以去除产生腥味的鱼油与鱼血等。

无油姜汁秋刀鱼

材料（便于制作的量）

秋刀鱼…3条
生姜…60 g
醋…1杯

A
清酒…1杯
砂糖…1大匙
酱油…4大匙

做法

1 将生姜去皮、切成丝。

2 去除秋刀鱼的头与内脏，用流水清洗内部。擦干水，横切成2 cm厚的块。

3 使鱼块的切口朝上，摆放于锅内，加入**1**、醋、1杯水，开火。煮开后撇除浮沫，盖上铝箔落盖（参见97页图片），小火煮1小时左右。

4 加入**A**，盖上铝箔落盖，继续煮1小时左右。关火，放凉，装盘。装盘时注意勿弄散鱼肉。

*冷藏条件下可保存10天左右。

用时
135分钟

※放凉时间不计。

由切口处用刀尖钩住内脏。

拉出内脏。

长筷子上卷厨房纸，清除鱼腹内的鱼血等。

油淋青花鱼

材料（2人份）

青花鱼（半条）…1片
莴苣…1/4个
番茄…1/2个
小葱…5根
生姜…10 g
青紫苏…3片
A | 酱油、味醂、清酒…各1大匙
B | 水…2大匙
醋…4大匙
砂糖、酱油…各2大匙
马铃薯淀粉、炸制用油…各适量

做法

1. 将青花鱼去骨去刺，擦干水，切成适当大小，用**A**腌制，放置10分钟左右。将莴苣切成丝，番茄切成3 cm厚的半月形。
2. 将小葱切成葱花，生姜、青紫苏切成丝，放入碗中，加**B**拌匀。
3. 锅内倒油烧至170 ℃，青花鱼裹上马铃薯淀粉后下锅炸3~4分钟，捞出控油。
4. 莴苣、番茄、**3**装入同一盘中，均匀浇上**2**，可根据喜好撒辣椒粉。

用时 20分钟

「腌制后再炸，味道非常独特。料汁也很清淡，好好享受青花鱼的美味吧。」

烧制这道菜的关键点在于先将鱼烤至酥脆。

姜汁蛋黄酱烧青花鱼

材料（2人份）

青花鱼（半条）…1片
盐…少许
A 小葱葱花…1大匙
姜泥…1大匙
蛋黄酱…3大匙
酱油…1小匙

用时 15分钟

做法

1 将青花鱼切成2段，两面撒盐。将**A**混合好。

2 充分加热烤鱼架（或烤鱼网），用大火先烤带皮侧，上色后翻面，将鱼肉侧也烤至上色。

3 使带皮侧朝上，刷上**A**，继续烤至酱料上色（用烤鱼网烤制时，需在烤箱托盘上铺铝箔纸，使带皮侧朝上，先刷上**A**再烤制）。

4 装盘，根据喜好，可加入切成适当大小的小番茄作为点缀。

带皮侧烤至上色。鱼肉侧切勿烤制过度，以免烤干。

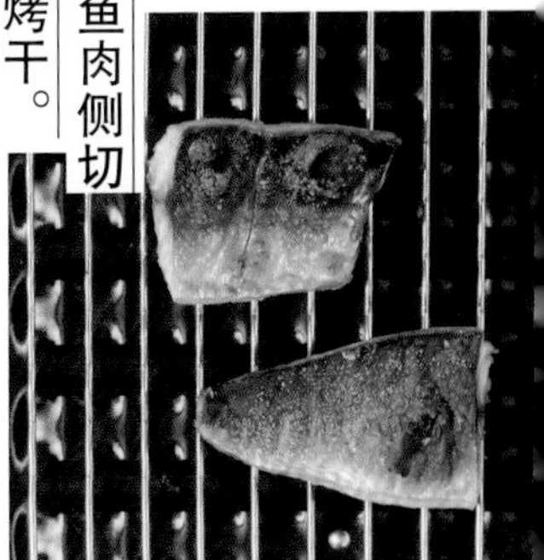

虾

预处理应仔细

留有虾线会降低口感，且有腥味，应去除。用清酒或盐搓洗，可去除腥味与黏液。

「为保持虾的Q弹口感，应提前将虾烧熟。」

番茄烧虾仁

材料（2人份）

虾…10只
番茄…3个
葱…1/3根
生姜…10 g
蒜…1瓣
清酒…2大匙
盐…一小撮
马铃薯淀粉…适量
豆瓣酱…1/2大匙
A 味醂、酱油…各2大匙
砂糖…1小匙
色拉油…2大匙

用时 20分钟

做法

1 将葱、姜、蒜切成末。

2 将番茄烫后去皮，其中2个切碎，1个8等分为楔形。

3 将虾去虾线、去壳、去尾，用清酒与盐腌制后冲洗。擦干水，裹上马铃薯淀粉，用热水煮至变色后捞出控水。

4 在平底锅内倒色拉油，烧热，放入**1**炒香后，加豆瓣酱翻炒。再次炒香后，加番茄碎煮5分钟左右。加入**A**、虾、楔形番茄，转大火爆炒。

不煮透最完美

牡蛎

需注意，为诱发出牡蛎的浓郁鲜香，不可煮制过度，以免牡蛎缩小。

擦干水。

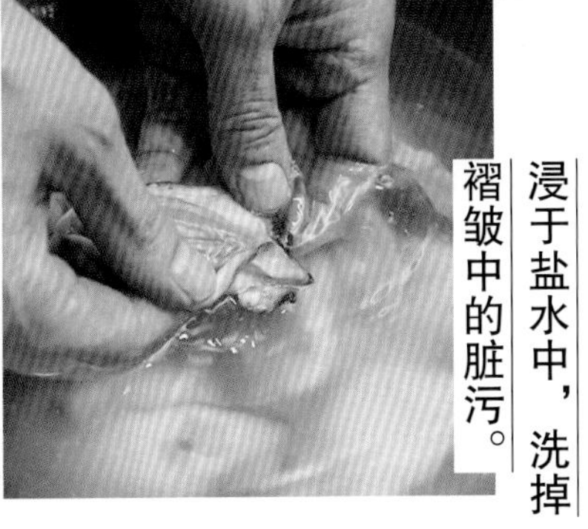
浸于盐水中，洗掉褶皱中的脏污。

牡蛎煮豆腐

材料（2人份）

牡蛎（去壳）…8只
老豆腐…1块（约300 g）
葱…1根
香菇…2个
生姜…10 g
盐…少许
A 高汤…2杯
淡口酱油、味醂…各2大匙

用时 25分钟

做法

1. 将葱斜切成薄片，香菇去蒂后对半切开，豆腐4等分，生姜擦成泥。
2. 用盐水清洗牡蛎后擦干水。
3. 将**A**倒入锅内，开火，煮开后放入牡蛎，转小火煮1分钟左右捞出。
4. 加葱、香菇、豆腐，小火煮10分钟左右。再次放入牡蛎烫热即可关火。装盘，加生姜，还可根据喜好加鸭儿芹点缀。

快速煮制，使牡蛎饱满暄腾。

一道工序，多种滋味

生鱼片

用作料腌制生鱼片，或放入足够的作料，可『邂逅』不同寻常的味道。

芝麻葱油拌生鱼片

材料（2人份）

生鱼片（自己喜欢的鱼种类或拼盘）…200 g
蘘荷…2个
莴苣…1/4个
蛋黄…2个
紫菜丝…适量
A 葱末…2大匙
白芝麻粉…2大匙
酱油…3大匙
味醂、芝麻油…各1大匙

做法

1 将蘘荷切成薄圈，莴苣切成丝，淘洗控水。

2 将生鱼片切成适当大小，放入碗中，加**A**拌匀。

3 将**1**、**2**装盘，放上蛋黄、紫菜丝。

用时 10分钟

「生鱼片吸收了作料的美味，再辅以蔬菜，更加鲜美。提升醇厚口感的蛋黄也是不可或缺的。」

明太子与作料给三文鱼增加了醇厚感。

明太子拌三文鱼片

材料（2~3人份）

三文鱼块（条形）⋯150 g
辣味明太子⋯2条鱼的鱼子量（约200 g）
蘘荷⋯1个
小葱⋯3根
萝卜芽⋯1/3袋
A 芝麻油⋯3大匙
酱油⋯1½大匙
味醂、醋⋯各1大匙
熟白芝麻⋯少许

用时 10分钟

做法

1. 将三文鱼切成片，明太子切成适当大小，蘘荷切成薄圈，小葱切成葱花。将萝卜芽去根切成1 cm长的小段。将**A**混合好。
2. 在餐具内摆放三文鱼片、明太子，淋上**A**，撒蘘荷、小葱、萝卜芽和芝麻。

均匀地淋上作料。

第5章 米饭、面条作为单点料理

搭配出的别致与精美

米饭、面条是大家熟得不能再熟的食物，正因如此，食材选用与搭配的用心会直接传递给家人。哪怕是使用干面或凉面，所搭配的食材也能体现出整碗面的美味与创意。许多材料都非常适合制作盖浇饭和什锦焖饭，方便居家使用。

我最爱的面条

荞麦面

在家做荞麦面时，干面较鲜面更方便。原料尽量简单些，选用优质产地的荞麦面即可。

用流水迅速冲凉。

欲罢不能的纳豆豆腐荞麦面

材料（2人份）

荞麦面（干面）…2把（120 g×2）
纳豆…2袋
绢豆腐…1/2块

A 纳豆作料、黄芥末酱…各2袋
高汤酱油（参见155页）…2大匙

B 高汤酱油、高汤…各3/4杯

小葱葱花、紫菜丝…各适量

做法

1. 用厨房纸包起豆腐并挤压，放置20分钟控水。放入碗中，捣碎，加入纳豆、**A**，拌匀。
2. 将**B**混合好，放凉。
3. 用足量的热水煮面（中途如有溢出迹象，可减小火力）。倒掉面汤，用冷水冲洗，沥水后装盘。淋上**2**，依次加入**1**、小葱葱花、紫菜丝。

用时 10分钟

※豆腐控水时间与汤汁冷却时间不计。

「纳豆与豆腐的黏糯吸收了高汤酱油的鲜味，打造出山药泥般的松软口感。」

南蛮猪肉荞麦面

材料（2人份）

荞麦面（干面）…2把（120 g×2）
猪五花肉片…100 g
葱…1/2根
鸭儿芹…3根

A	高汤酱油（参见155页）…1¼杯
	高汤…1杯

色拉油…适量

做法

1. 将猪肉切成适当大小，葱切成3 cm长的葱段，鸭儿芹切成2 cm长的小段。
2. 将色拉油倒入平底锅内，烧热，放入猪肉与葱，一起炒至上色，加入**A**稍煮一会儿。
3. 用足量的热水煮面（中途如有溢出迹象，可减小火力）。倒掉面汤，用冷水冲洗，沥水后装入碗中。
4. 盛出**2**，放入另一只碗中，撒鸭儿芹。根据喜好可加香橙皮，然后将**3**蘸着**2**的汤汁且搭配**2**的猪肉一起食用。

从炒肉中溢出的油与葱的鲜香，都会提升蘸汤的美味。

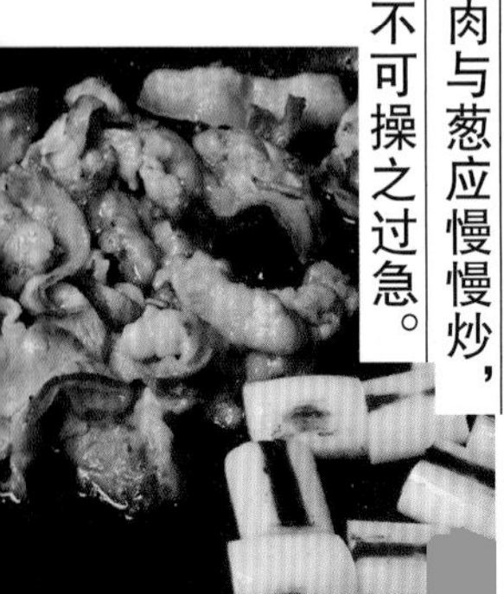

肉与葱应慢慢炒，不可操之过急。

想要品尝荞麦面的风味与鲜香，自然离不开纯正的食材。

鱼糕裙带菜荞麦面

材料（2人份）

荞麦面（干面）…2把（120 g×2）
裙带菜（盐渍）…60 g
梅干…4个
鱼糕…4片
A 高汤酱油（参见155页）…240 mL
　高汤…360 mL
熟白芝麻…1大匙

※浸水时间不计。

做法

1. 将裙带菜上的盐冲洗掉，浸于水中片刻，攥干水，切成细条。
2. 将**A**倒入锅内，烧热，加入**1**、鱼糕，大火煮制。
3. 用足量的热水煮面（中途如有溢出迹象，可减小火力）。倒掉面汤，装盘。浇上**2**，然后放梅干，撒芝麻。

推荐使用冷冻乌冬面

乌冬面

要想快速制作，最为方便的是使用冷冻乌冬面。只需煮1分钟左右，便可做出既有嚼劲又口感爽滑的乌冬面。

「笠原流的风格是『炒煮』，成品面质黏糯、肉质松软、蔬菜有嚼劲。」

炒乌冬

材料（2人份）

乌冬面（冷冻）…2团
猪肉片…100 g
甘蓝…2片
胡萝卜…1/3根
青椒…2个
鸡蛋…2个
盐…适量
粗磨黑胡椒…少许
A 高汤…1杯
  味醂、清酒、酱油…各1大匙
色拉油…2大匙
干鲣鱼薄片…5 g

用时 20分钟

做法

1. 用足量的热水将乌冬面煮散，倒掉面汤，用冷水冲洗，控水。
2. 将甘蓝切成适当大小，胡萝卜切成细长条，青椒切成丝。再将**A**混合好。
3. 在平底锅内倒入1大匙色拉油，烧热，放入猪肉，炒至变色后，加入**2**的蔬菜和一小撮盐，然后翻炒。
4. 将胡萝卜炒熟后，放入**1**继续翻炒，再倒入**A**煮至稍沸腾。撒黑胡椒，装盘。
5. 在平底锅内倒入1大匙色拉油，烧热，打入鸡蛋，撒少许盐，做成煎鸡蛋。待蛋清凝固后，加1大匙凉水，加盖焖30秒，关火。放于**4**上，加干鲣鱼薄片，根据喜好可加上红姜。

猪肉西洋菜味噌汤煮乌冬面

材料（2人份）

乌冬面（冷冻）…2团
猪五花肉片…100 g
西洋菜…1把
鸡蛋…2个
葱…1/2根

A 高汤…3杯
味醂…3大匙
味噌、红味噌…各2大匙
酱油…1大匙

用时 15分钟

做法

1 将西洋菜去叶，茎斜切成3 cm长的小段，葱斜切成薄片。

2 将猪肉每片切成长度相等的3片，氽水，用笊篱捞出。

3 将乌冬面用足量的热水煮散，然后倒掉面汤。

4 将**A**倒入锅内，混合好，开火，煮开后放入西洋菜茎、葱、**2**、**3**，煮2~3分钟。装盘，打入鸡蛋，加入西洋菜叶作为点缀。

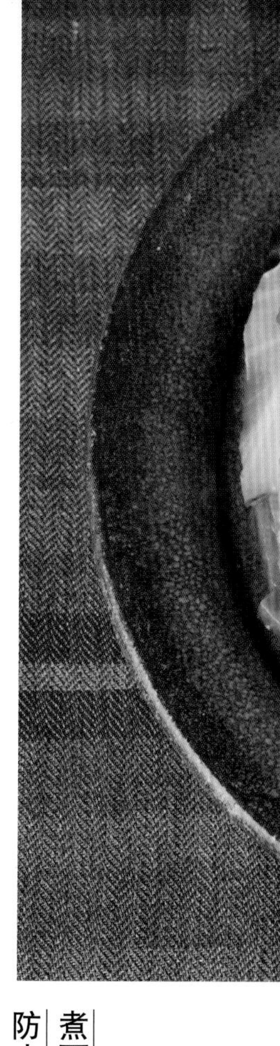

「使用两种味噌，味道清淡、柔和。」

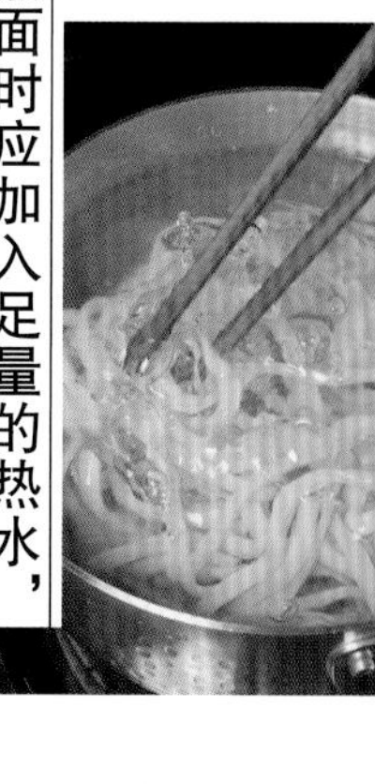

煮面时应加入足量的热水，防止煮汤温度下降。

倒入高汤与调料，利用其充足的汁水稍微煮沸。

蛤蜊面

材料（2人份）

挂面…2把（50 g×2）
蛤蜊（已吐砂）…200 g
鸭儿芹…1/2把
香菇…2个

A 干海带（高汤用）…5 g
水…2杯
清酒…1/2杯
淡口酱油、味醂…各1大匙

盐…少许
色拉油…1大匙

用时 20分钟

做法

1 将蛤蜊搓洗、控水。将鸭儿芹切成3 cm长的小段，香菇去蒂切成薄片。

2 在平底锅内倒入色拉油，烧热，放入鸭儿芹、香菇炒至变软，加蛤蜊、**A**，加盖煮至蛤蜊张口，关火。

3 将挂面放入足量的热水中煮熟，然后倒掉面汤。在凉水下搓洗掉黏汁，控水后装盘。

4 将**2**加热，撇除浮沫，加盐调味后浇于**3**上。

选用更有嚼头的手拉挂面

挂面

煮好后立即在流水下搓洗掉黏汁，使面光亮有嚼头。

用足量的热水煮熟。

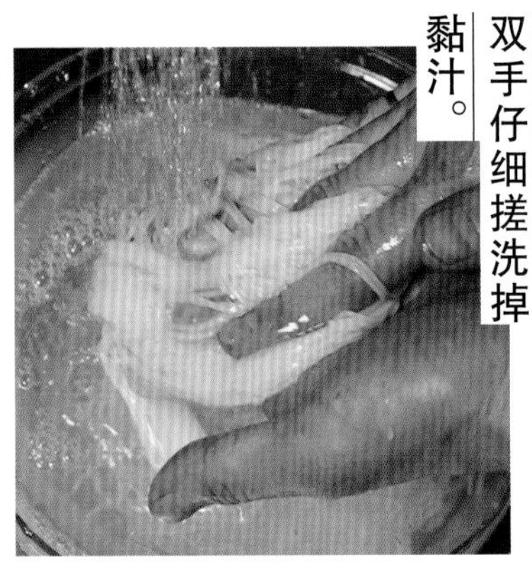

双手仔细搓洗掉黏汁。

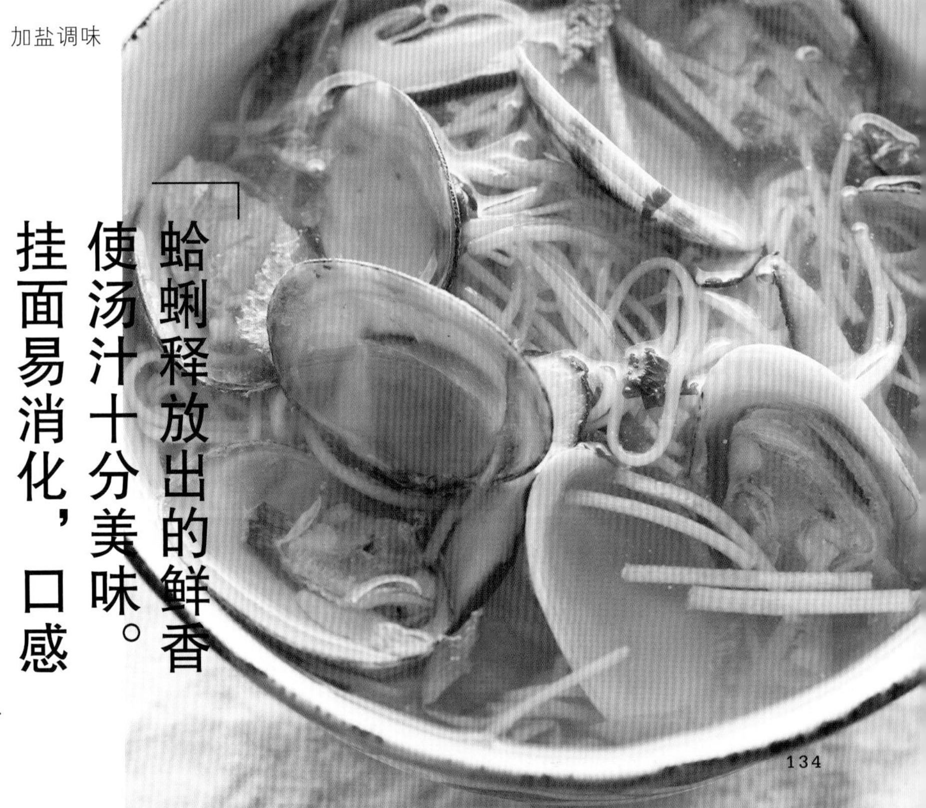

蛤蜊释放出的鲜香使汤汁十分美味。挂面易消化，口感也较绵软。

「煮好后加油拌匀，便于炒散。」

罗勒炒意式细面

材料（2人份）

挂面…3把（50 g×3）
金枪鱼罐头（油浸）…1罐（140 g）
罗勒…1袋
葱…1/2根
胡萝卜…50 g
鸡蛋…1个
色拉油…3大匙
A 清酒、酱油…各1大匙
粗磨黑胡椒…少许

做法

1 将挂面放入足量的热水中煮熟之后倒掉面汤，再用凉水冲洗掉黏汁，控水后加1大匙色拉油拌匀。

2 将葱斜切成薄片，胡萝卜切成5 cm长的细丝。如罗勒较大，可切为细条（留一点作为点缀）。

3 在平底锅内倒入1大匙色拉油，烧热，打入鸡蛋，煎至半熟后盛出。

4 再次倒入1大匙色拉油，将金枪鱼罐头连汁倒入，加入葱、胡萝卜，翻炒至胡萝卜变软。再加入**1**、**3**翻炒，用**A**调味，加罗勒快速翻炒。装盘，撒上罗勒作为点缀。

简单却无比美味

盖浇饭

浇头的味道瞬间渗入米饭，让人口舌生津、食欲大开，这便是盖浇饭的精华所在。

青菜鸡肉盖浇饭

材料（2人份）

- 鸡腿肉…1根的量
- 煮竹笋（小的）…1/2个（80 g）
- 洋葱…1/4个
- 水芹（或小葱）…3根
- 胡萝卜…50g
- 盐…少许
- **A** 高汤…2杯
  酱油、味醂…各2大匙
  蚝油…1大匙
- 水淀粉…2大匙
- 色拉油…2大匙
- 热米饭…2大碗
- 粗磨黑胡椒…少许

做法

1. 将鸡肉切成适当大小，撒盐腌制。将竹笋根部切成半月形薄片、尖端纵切成薄片。将洋葱切成楔形。将水芹切成5 cm长的小段，胡萝卜切成5 cm长的细丝。
2. 在平底锅内倒入色拉油，烧热，放入鸡肉，先煎带皮侧，待煎制上色后，再加竹笋、洋葱、水芹、胡萝卜炒至变软。然后加入**A**，煮开后继续煮2~3分钟，用水淀粉勾芡。
3. 将米饭盛入盘中，浇上**2**，撒黑胡椒。

咖喱茄丝盖浇饭

材料（2人份）

猪肉、牛肉混合肉末…150 g
茄子…2个
洋葱…1/2个
青椒…1个
盐…少许
咖喱粉…2大匙
A 凉水…2大匙
　清酒、番茄酱…各2大匙
　酱油…1大匙
　砂糖…1小匙
色拉油…2大匙
热米饭…2大碗
葡萄干…少许

做法

1. 将茄子去蒂，纵切成细丝。将洋葱纵切成薄片。将青椒对半切开，去籽去蒂后切成丝。
2. 在平底锅内倒入色拉油，烧热，放入肉末，炒散后放入**1**，加盐，炒至蔬菜变软。撒咖喱粉炒香，再加入**A**翻炒。
3. 将米饭装盘，浇上**2**，撒葡萄干。

牛肉饭

将牛肉拍软，煮好后直接放凉使入味。

材料（2人份）

牛肉片或牛肉碎（稍肥）…300 g
洋葱…1个
生姜…5 g
A 干海带（高汤用）…3 g
凉水…2杯
砂糖、味醂…各2大匙
淡口酱油、酱油、白葡萄酒…各2大匙
热米饭…2大碗

※放凉时间不计。

做法

1 将洋葱切成薄片，生姜擦成泥。

2 将A倒入锅内，放入洋葱，中火煮开后转小火继续煮10分钟。

3 用刀背拍打牛肉，使肉松弛。

4 待2的洋葱变软后，放入3、生姜。再次以中火煮开，撇除浮沫，转小火继续煮15分钟。关火，直接放凉。捞出海带。

5 将米饭盛入盘中，开火将4加热，连汤浇在米饭上。根据喜好可添加红姜与鸡蛋。

酸橘饭

材料（2人份）

小沙丁鱼干…20 g
蘘荷…1个
小葱…5根
烤紫菜片…1整张
干鲣鱼薄片…5 g
酸橘…2个
热米饭…2小碗
酱油…2大匙

用时 10分钟

做法

1 将蘘荷切成薄圈，小葱切成葱花，烤紫菜片撕成小块。将其全部放入碗中，加入小沙丁鱼干、干鲣鱼薄片拌匀。

2 将酸橘对半切开。

3 将米饭盛入小碗中，放上1，浇上酱油，再佐以酸橘。

「酸橘可刺激食欲，使整体味道得到提升。」

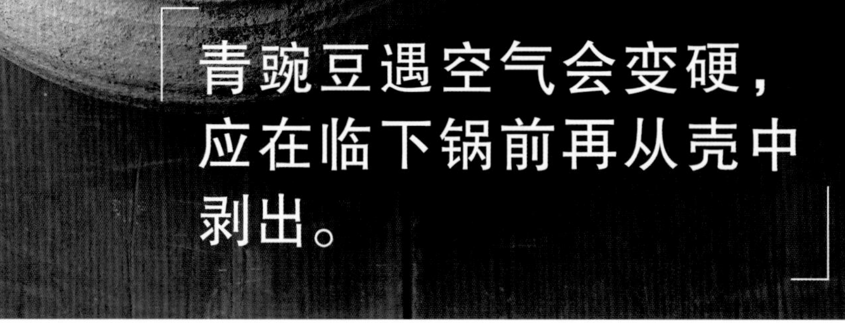

诱发出食材的鲜香

什锦焖饭

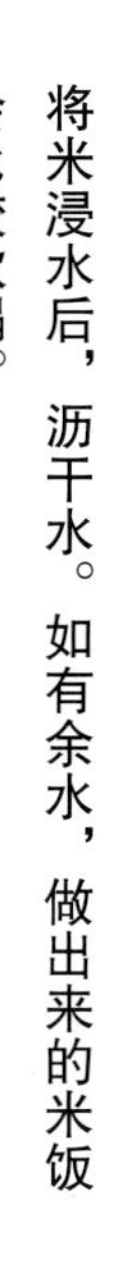

将米浸水后，沥干水。如有余水，做出来的米饭会比较软塌。

「青豌豆遇空气会变硬，应在临下锅前再从壳中剥出。」

豌豆沙丁鱼什锦焖饭

材料（2～3人份）

米…2量米杯（360 mL，约300 g）
青豌豆…60 g（去皮）
小沙丁鱼干…20 g

A
- 干海带（高汤用）…5 g
- 凉水…360 mL
- 清酒…2⅔大匙
- 盐…1小匙

※制作混合汤汁与泡米的时间不计。

做法

1. 将**A**混合后放置30分钟以上。开始烹饪之前将海带捞出。
2. 将米淘洗后放置于凉水中浸泡30分钟，用笊篱捞出，控水。
3. 青豌豆在临下锅前才从壳中剥出。
4. 在砂锅中加入**2**、**1**，轻搅拌匀，放上**3**，加盖，大火煮沸后转中火煮5分钟，再转小火煮15分钟。撒上小沙丁鱼干，关火，加盖闷5分钟。

用电饭煲制作时：上述做法**1～3**相同。将**2**、**1**放入电饭煲中，轻搅拌匀。加青豌豆开始蒸煮，蒸熟后撒小沙丁鱼干，加盖闷5分钟。

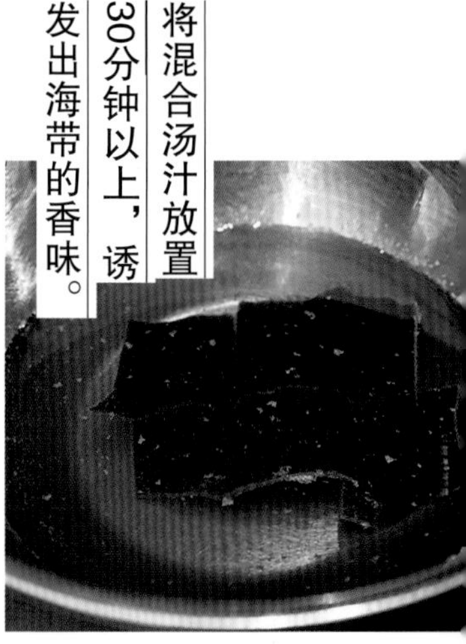

将混合汤汁放置30分钟以上，诱发出海带的香味。

蒸前撒上小沙丁鱼干，风味和口感更佳。

蛤蜊与牛蒡鲜香十足，味噌又平添了浓厚口感，相得益彰。

蛤蜊牛蒡什锦焖饭

材料（2~3人份）

米…2量米杯（360 mL，约300 g）

蛤蜊…200 g

牛蒡…50 g

水芹…2根

A
- 干海带（高汤用）…5 g
- 凉水…340 mL
- 清酒…2⅔大匙
- 淡口酱油…1⅓大匙
- 味噌…1大匙

用时 40分钟

※制作混合汤汁、泡米、蛤蜊吐砂的时间不计。

做法

1. 将**A**混合后放置30分钟以上。开始烹饪前捞出海带。
2. 将米淘洗后于凉水中浸泡30分钟，用笊篱捞出，控水。
3. 待蛤蜊吐砂后进行搓洗。
4. 将牛蒡刷洗干净，削成薄片，然后淘洗。将水芹切成末。
5. 在砂锅中加入**2**、**1**，轻搅拌匀，放牛蒡、**3**，加盖，大火煮沸后转中火煮5分钟，再转小火煮15分钟。关火，闷5分钟，撒水芹。

用电饭煲制作时：上述做法**1**~**4**相同。在电饭煲中放入**2**、**1**，轻搅拌匀后加牛蒡和蛤蜊开始蒸煮，蒸熟后撒水芹。

出锅后加水芹，以免影响味道。

甘蓝樱花虾什锦焖饭

材料（2~3人份）

米…2量米杯（360 mL，约 300 g）
甘蓝…1/6个
樱花虾（铁锅煮制或干燥）…30 g
小葱…3根
A　干海带（高汤用）…5 g
　　凉水…340 mL
　　清酒、淡口酱油…各2大匙

※制作混合汤汁、泡米的时间不计。

做法

1. 将A混合后放置30分钟以上。开始烹饪前捞出海带。
2. 将米淘洗后于凉水中浸泡30分钟，用笊篱捞出，控水。
3. 将甘蓝切成2 cm见方的小块，小葱切成葱花。
4. 在砂锅中加入2、1，轻搅拌匀，放甘蓝，加盖，大火煮沸后转中火煮5分钟，再转小火煮15分钟。关火，撒樱花虾，加盖闷5分钟，最后撒上葱花。

用电饭煲制作时：上述做法1~3相同。在电饭煲中放入2、1，轻搅拌匀后加甘蓝开始蒸煮，蒸熟后撒樱花虾，加盖闷5分钟，撒葱花。

需撒足量的甘蓝，将米完全覆盖。

「将容易熟的甘蓝切稍大块，突出其存在感。」

「鲷鱼味道清淡，但香味浓郁，只需一片即可做出奢美佳肴。」

鲷鱼焖饭

材料（2~3人份）

米…2量米杯（360 mL，约300 g）
鲷鱼（生鱼片用）…100 g
鸭儿芹…5根
盐…少许
A 干海带（高汤用）…5 g
凉水…340 g
清酒…2大匙
淡口酱油、酱油…各1大匙
熟白芝麻…1小匙

只需闷一会儿，鲷鱼的香味便可充分浸入米饭。

做法

1 将**A**混合后放置30分钟以上。开始烹饪前捞出海带。

2 将米淘洗后于凉水中浸泡30分钟，用笊篱捞出，控水。

3 将鲷鱼表面撒盐，置于烤鱼架上烤7~8分钟，去皮去骨后撕碎。鸭儿芹切成2 cm长的小段。

4 在砂锅中加入**2**、**1**，轻搅拌匀，加盖，大火煮沸后转中火煮5分钟，再转小火煮15分钟。关火，撒鲷鱼，加盖闷5分钟。撒鸭儿芹、芝麻。

用电饭煲制作时：上述做法**1**~**3**相同。在电饭煲中放入**2**、**1**，轻搅拌匀后开始蒸煮，蒸熟后撒鲷鱼，加盖闷5分钟，最后撒鸭儿芹、芝麻。

※制作混合汤汁、泡米的时间不计。

浸入温水中，将皮泡软。

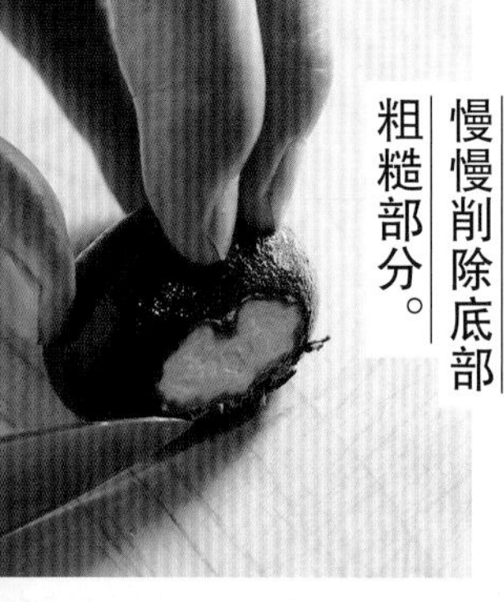

慢慢削除底部粗糙部分。

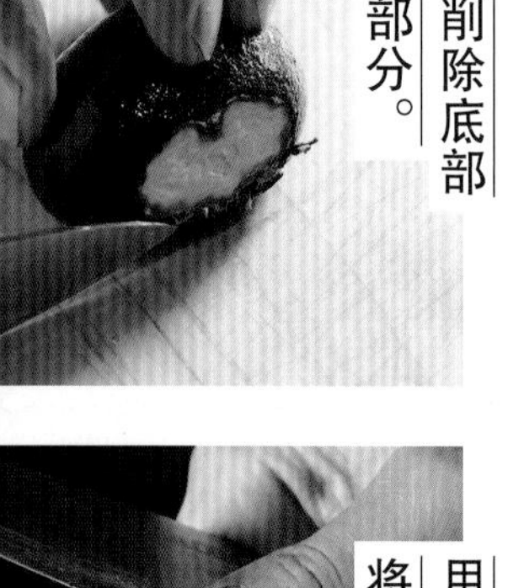

用菜刀由切口处将外皮削下。

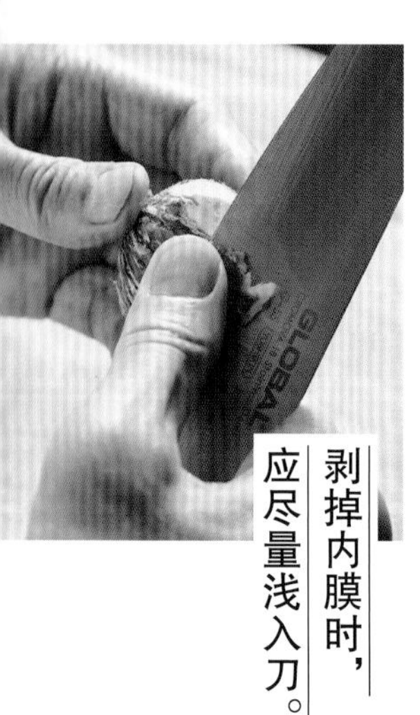

剥掉内膜时，应尽量浅入刀。

「温和醇厚的海带汤汁将板栗的味道衬托得更加香甜。」

板栗焖饭

材料（2–3人份）

- 米…2量米杯（360 mL，约300 g）
- 板栗…200 g
- 干海带（高汤用）…5 g
- **A**
  - 凉水…340 mL
  - 清酒…60 mL
  - 盐…1小匙
- 熟黑芝麻…少许

做法

1. 将米在凉水中浸泡30分钟，用笊篱捞出控水。将板栗于温水中浸泡30分钟左右，去除外皮与内膜。将**A**混合好。
2. 将米放入电饭煲内，倒入**A**，加入海带、板栗，正常蒸煮。蒸熟后拌匀，装盘，撒芝麻。

※板栗与米的浸泡时间不计。

土豆培根什锦焖饭

材料（2~3人份）

米…2量米杯（360 mL，约300 g）
土豆…1个
培根…3片
A | 干海带（高汤用）…5 g
凉水…1½杯
酱油、淡口酱油…各1大匙
清酒…2大匙
黄油…10 g
粗磨黑胡椒…少许

※制作混合汤汁、泡米的时间不计。

做法

1 将A混合后放置30分钟以上。开始烹饪前捞出海带。

2 将米淘洗后于凉水中浸泡30分钟，用笊篱捞出，控水。

3 将土豆切成1 cm见方的小块，淘洗。将培根切成1 cm宽。

4 在砂锅中加入2、1，轻搅拌匀，放上3，加盖，大火煮沸后转中火煮5分钟，再转小火煮15分钟。关火，闷5分钟。

5 加入黄油，轻轻搅拌。装盘，撒上黑胡椒。根据喜好，可加入小葱葱花作为点缀。

用电饭煲制作时：上述做法1~3相同。在电饭煲中放入2、1，轻搅拌匀后加土豆和培根开始蒸煮，蒸熟后同做法5。

「利用加工肉制品提升米饭的香味。」

加入培根，进一步提香。

秋刀鱼萝卜什锦焖饭

材料（2~3人份）

米…2量米杯（360 mL，约300 g）
秋刀鱼…2条
萝卜…100 g
盐…适量
A 干海带（高汤用）…5 g
凉水…340 mL
清酒…60 mL
盐…1小匙
鸭儿芹…3根

※制作混合汤汁、泡米的时间不计。

做法

1. 将**A**混合后放置30分钟以上。开始烹饪前捞出海带。
2. 将米淘洗后于凉水中浸泡30分钟，用笊篱捞出，控水。
3. 将秋刀鱼的水擦干后通身撒盐，然后迅速置于烤鱼架上烤制10分钟左右，直至上色。从烤鱼架上取出，去除鱼头、鱼骨，只保留鱼肉。
4. 将萝卜去皮，切成1 cm见方的小块。将鸭儿芹切成末。
5. 在砂锅中加入**2**、**1**，轻搅拌匀，放上萝卜，加盖，大火煮沸后转中火煮5分钟，再转小火煮15分钟。关火，撒上**3**，加盖闷5分钟。最后撒鸭儿芹。

用电饭煲制作时：上述做法**1**~**4**相同。在电饭煲中放入**2**、**1**，轻搅拌匀后加萝卜开始蒸煮，蒸熟后撒上**3**，加盖闷5分钟。最后撒鸭儿芹。

如秋刀鱼块较大，则将其掰碎。

为使盐烤秋刀鱼吸收萝卜的味道，煮制时应将萝卜切成方块。萝卜与带膘秋刀鱼堪称绝配。

家常料理之诀窍③

制作与食用家常菜时的注意事项

苦于做不出好的饭菜时，可以尝试改变自己的心境，或邀请家人一起动手。迈出这一步试试看，我也会给大家提供一些思路。

「想要食者开心，自己首先要享受做饭的乐趣。」

当有一天，你懒得再绞尽脑汁地构思菜谱，这时应试试不只考虑食者的感受，也考虑下自己的喜好。如果爱酒，只需准备一点开胃酒或葡萄酒，便可使就餐充满乐趣。你还可以改变配菜的制作方式。例如，黄瓜不再腌制，而是用盐轻搓后整根装在凉菜碟中，再撒一些盐，这也不失为一种乐趣。黄瓜整根吃口感更好，还能带来不同于以往的乐趣，无论是吃饭者还是做饭者都能高高兴兴的。要记住，自己做得开心，食者就能吃得开心。

「创造全家齐动手的机会也很重要。」

当你问家人想吃什么时，最头疼的就是大家说『随便吧』。这是辜负做饭者一片好心的可怕语言之一。所以，为了让大家理解做饭者的心情，偶尔可以全家出动，一起动手做一顿饭。如果不会切或不会炒，可以负责调制调味料或装盘等，哪怕只做一件自己力所能及的事情。动手做饭的过程，可以激发一个人对食物的热爱与兴趣。走进厨房的次数多了，便会萌生出『今天我想吃这个』的想法，吃饭也会逐渐变成一种乐趣。

「就餐时将『我要吃了！感谢款待！好吃！』等挂在嘴上。」

我在知名日本料理店学习时，深切地感受到没有哪种料理的制作比日本料理更考虑食者的心情了。例如，切成方便入口的大小，将食材背面切开便于咀嚼，以方便夹取的方式摆盘等。吃别人制作的料理时，我也会为这些细致入微的用心而感到高兴。心中对食物、对做饭者充满感激。因此，我非常喜欢表达这种心情的措辞：『我要吃了』『感谢款待』『好吃』等，它们是非常重要的。无论是在饭店就餐，还是日常居家吃饭，时刻拥有一颗感激之心比什么都重要。

女性的一口大小，通常约3 cm。切菜时，应时刻想着该尺寸。

第6章 下酒小菜信手拈来

善于发现，充分利用家中食材

在家小酌时，花钱多少不重要，拼的是创意。如腌菜搭配奶酪、水果搭配蔬菜等，出其不意的搭配，可以做出清新脱俗的下酒小菜。即便是普通的蔬菜，只要别出心裁，也能做出不一样的味道。

「发挥腌菜的鲜香。」

腌菜浓缩了鲜香的味道，搭配醇厚的乳制品，可瞬间变身多种美味。

"赞否两论"的招牌菜

烟熏萝卜腌菜配马斯卡彭奶酪

材料（便于制作的量）

秋田烟熏萝卜腌菜…适量
马斯卡彭奶酪…适量
粗磨黑胡椒…少许

做法

1 将腌菜切成适当大小。

2 将1装盘，旁边挤上马斯卡彭奶酪，在奶酪上撒黑胡椒。用腌菜蘸马斯卡彭奶酪食用。

梅干的酸味可代替沙拉调料

梅子卡布里沙拉

材料（2~3人份）

蜂蜜渍梅干…4个
马苏里拉奶酪（圆球）…1袋
青紫苏…5片
A（橄榄油…1大匙　淡口酱油…1小匙）

做法

1 将青紫苏切成丝，梅干去核切成块。再将**A**混合好。

2 在盘内摆放好马苏里拉奶酪与梅干，尽量使造型美观。然后撒青紫苏，浇上**A**。

用时 10 分钟

慕斯与特殊风味的奈良腌菜搭配出不平淡的口味

奈良腌菜渍鹅肝慕斯

材料（2~3人份）

奈良腌菜…30 g
鹅肝慕斯（市售品）…60 g
鲜奶油…2大匙　粗磨黑胡椒…少许
西洋菜…适量　咸饼干…适量

做法

1 将奈良腌菜切成末，放入碗中，加鹅肝慕斯、鲜奶油拌匀。

2 装盘，撒黑胡椒，配上西洋菜、咸饼干。

切薄片浸入浓厚的调味汁中即可

红糖渍芜菁

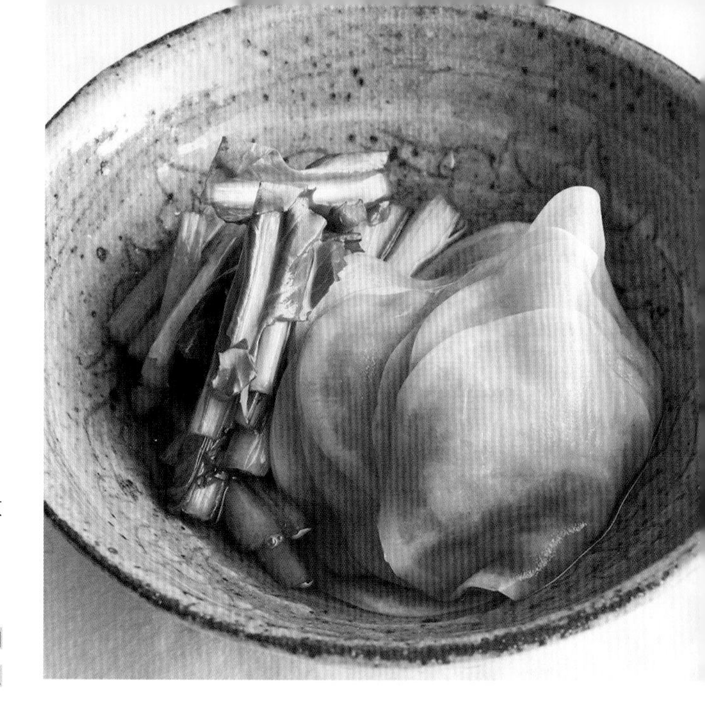

材料（便于制作的量）

芜菁（带叶）…4个

A（红糖…40 g　凉水…3大匙

烧酒、酱油…各2大匙）

※浸汁放凉时间、浸泡时间不计。

做法

1 将A放入锅内，开火，稍微煮沸后关火，放凉。

2 将芜菁去叶，带皮清洗后用切片机切成薄片，叶子切成3 cm长的小段。放入保鲜袋内，加入1，抽真空封口。用重物压好，放置半天左右。

「保留蔬菜的原汁原味，不宜过度加工。」

油炸使分量变轻、炒制使之松软、生吃又十分鲜脆……

针对蔬菜的特点，用不同的方法烹制出美味。

在面糊中加入苏打水，可使炸出的蔬菜酥脆爽口

炸芦笋

材料（2~3人份）

绿芦笋…4根

A［苏打水（无糖）…半杯　面粉…50 g　白芝麻粉…1小匙］　炸制用油…适量　盐…少许

柠檬…1/4个　蛋黄酱…适量

用时 10分钟

做法

1 切除芦笋根部的坚硬部分，将下方1/3左右用削皮器去皮，再纵切成4等份。

2 将A放入碗内，混合好，加入1，用手拌匀，然后用170 ℃热油炸3~4分钟。

3 控油后装盘，撒盐，加柠檬、蛋黄酱。

将胡萝卜切成火柴棒粗细

鱿鱼丝拌胡萝卜

材料（2~3人份）

胡萝卜…1/2根　鱿鱼丝…1袋

A（凉水…1½杯　酱油…3大匙　砂糖…2大匙）

熟白芝麻…适量　辣椒粉…少许

做法

1. 将胡萝卜切成5 cm长的段，粗细与火柴棒相近。
2. 将鱿鱼丝手撕成适当粗细。
3. 将**A**放入碗中，混合好，加入**1**、**2**拌匀，放置1小时以上使入味。装盘，撒芝麻、辣椒粉。

※入味时间不计。

利用毛豆自身的水分蒸烤

烤毛豆

材料（2人份）

毛豆…200 g　盐…适量

粗磨黑胡椒…少许　柠檬…1/4个

做法

1. 在毛豆中撒入约1大匙盐，搓匀，清洗，用笊篱捞出。
2. 将毛豆在湿润状态下铺于平底锅内，加盖，以大火蒸烤。上汽后掀盖，继续蒸烤至均匀上色，其间不断翻动。
3. 装盘，撒少许盐、黑胡椒，再加入柠檬作为点缀。

给奶酪或圆筒状鱼糕加入大人喜欢的食材。

在开袋即食的简餐中加入鲜香浓郁的蔬菜或辣味，便成了一道下酒菜。

给圆筒状鱼糕增添几分清香

西芹鱼糕

材料（2~3人份）

圆筒状鱼糕…3根
西芹…100 g
蛋黄酱…1大匙
粗磨黑胡椒…少许

做法

1. 将西芹切成条，塞入圆筒状鱼糕的孔内，再将鱼糕斜切成2段。
2. 装盘，加蛋黄酱，撒黑胡椒。

用时 5 分钟

奶酪、紫菜佃煮的咸与山葵的辛辣形成了美妙的平衡

6P奶酪山葵紫菜

材料（2~3人份）

6P奶酪…1箱（6个）
紫菜佃煮…1大匙
山葵酱…1小匙　萝卜芽…少许

做法

1. 将紫菜佃煮与山葵酱混合。
2. 将1放在奶酪上，装盘，可依喜好用萝卜芽作为点缀。

利用水果的色泽与甘甜，做出内在和颜值双高的菜品。

水果与咸味食材搭配，甜味便被中和了，是最合适的下酒菜。
出其不意的搭配，变幻出一道和谐的菜式。

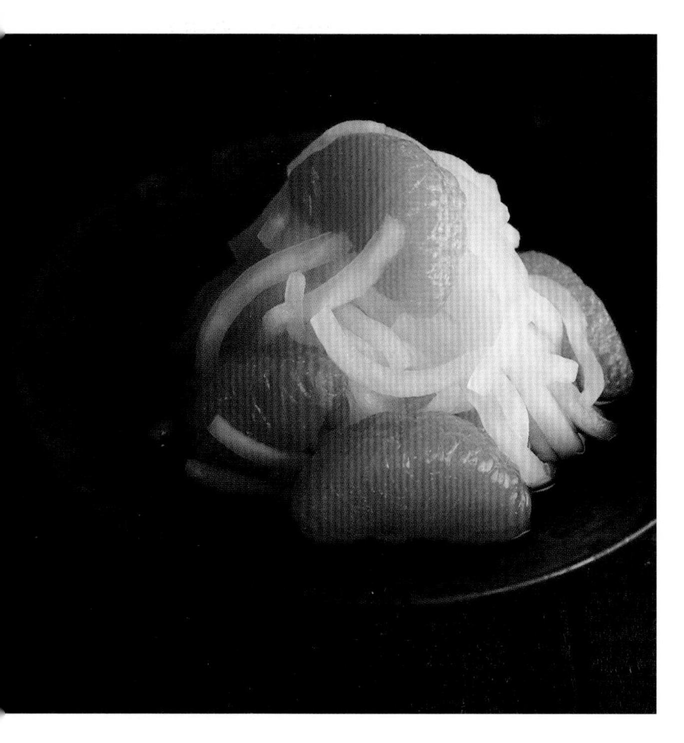

多汁的食材更易相互吸味

柑橘萝卜

材料（2~3人份）

橘子罐头…1罐（固形物120 g）
萝卜…300 g　盐…适量
A（凉水、醋…各半杯　砂糖…40 g）

※萝卜腌制、泡制入味时间不计。

做法

1. 将萝卜切成5 cm长的段，粗细与火柴棒相近。撒盐，变软后，攥干水。将橘子罐头倒掉汤汁。
2. 将**A**放入碗内，混合好。加入**1**，放置2小时以上。

橄榄油将甜、鲜、苦
三种味道融合在一起

柿子生火腿沙拉

材料（2~3人份）

柿子…1个　生火腿…50 g　茼蒿…1/3把
橄榄油…1大匙

做法

1. 将柿子切成大小合适的楔形，生火腿对半切开。
2. 将茼蒿叶放入碗中，用橄榄油拌匀。与**1**一并装盘。

烹饪基础

熟悉调料，又能精准计量，定能做出美味的家常菜式。如能在家调制出和食高汤，味道将更上一层楼。

量取液体调料

1大匙

调料即将溢出的状态为15 mL。此时，调料在表面张力的作用下呈凸起状态。

1/2匙

需注意，8成深度为1/2匙。5成深度只有约1/3匙。

量取粉末状调料

1大匙

舀起满满一匙，再用计量勺柄轻轻拨去多余的粉末。表面呈微微隆起的状态。

1/2匙

量出1大匙后，用计量勺柄从中间划开，拨掉一半。

高汤调配方法

以干鲣鱼与海带为原料的基础高汤

材料（便于制作的量）

干鲣鱼薄片…30 g
干海带（高汤用）…10 g
凉水…5杯

1 将材料全部放入锅中

在锅内倒入凉水，加入海带。将干鲣鱼薄片逐片撕碎，均匀地撒满表面，使之最大限度出味。

2 开大火煮

先用大火煮，煮开后转小火，继续煮5分钟左右。

3 用笊篱等过滤

将**2**倒入滤网或铺有厨房纸的笊篱中进行过滤。

4 挤干

用勺背挤压干鲣鱼，挤出剩余的汤汁。

*冷藏条件下可保存3~4天。

G 黑胡椒

对于日本料理来说，黑胡椒比白胡椒更好用。我每次使用时都将黑胡椒粗磨，使其散发出香气。

H 味噌

一般使用信州味噌。要求更高者可同时准备白味噌与红味噌。添加多种味噌的味噌汤会更美味。

I 砂糖

如用于所有料理，则白糖较为方便。其甜味平淡清爽，用途广泛。

D 清酒

不是指味醂，而是可以饮用的清酒，便宜的也没有关系。使用清酒可大幅提升料理的味道。

E 盐

精制盐咸味过重，使用咸味适中的天然盐即可。推荐矿物质含量较高、可用于各种料理的粗盐。

F 味醂

日式甜料酒，做炖菜等浇汁时的必需品。非味醂风味调味料，而是真正的味醂。味醂风味调味料几乎不含酒精，却含有食盐等成分。

A 醋

首选米醋。与其他醋相比，米醋的特点是香味浓郁，酸味醇厚。可用于多种料理。

B 淡口酱油

制作和食时，推荐使用淡口酱油。需突出蔬菜等的色彩时，可以使用淡口酱油。其颜色虽淡于浓口酱油，但含盐量却较高。

C 浓口酱油

材料列表里只写了“酱油”字样时，需使用浓口酱油。如非每天做饭，可买小规格的，多买几瓶。常温保存即可。

用法

◎ **蘸料**

直接使用。

◎ **浇汁**

以1.5倍汤汁稀释。

◎ **泼料**

以等量汤汁稀释。

除面条外，还可用于鸡肉盖浇饭或日式炸猪排盖浇饭，以及凉拌豆腐等凉拌菜。

如需保存，则倒入容器中，放入冷藏室。一般可保存5天左右。

1

将除干鲣鱼外的材料全部放入锅中。将干鲣鱼薄片逐片撕碎，均匀地撒满表面，使之最大限度出味。

2

以中火煮开后转小火，继续煮5分钟左右。关火，放凉。

3

倒入滤网或铺有厨房纸的笊篱中过滤。以勺背挤压干鲣鱼，挤出剩余的汤汁。

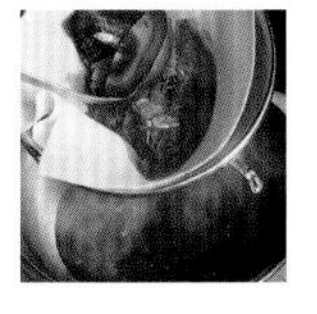

提前做好高汤酱油，便于使用

材料（约1杯半）

干海带（高汤用）…5 cm×5 cm（5 g）
干鲣鱼薄片…15 g
干海参…5 g
酱油…2大匙
淡口酱油…2大匙
味醂…4大匙
砂糖…1大匙
凉水…1杯半

根据用料搜索菜谱

※此目录将本书中所录菜谱按照用料进行了粗略归类，疏漏在所难免，仅供大致查询。

肉

鱼贝

鸡蛋

豆制品

[蔬菜、水果]

[菇]

[奶酪]

[海藻]

[主食]

[加工品]

图书在版编目（CIP）数据

笠原将弘的美味家庭料理 /（日）笠原将弘著；王蕾译 .—郑州：河南科学技术出版社，2023.3
ISBN 978-7-5725-1058-8

Ⅰ．①笠… Ⅱ．①笠… ②王… Ⅲ．①菜谱 – 日本 Ⅳ．① TS972.183.13

中国国家版本馆 CIP 数据核字（2023）第 014048 号

笠原将弘

东京惠比寿日本料理店“赞否两论”的店主。1972年生于东京。高中毕业后，在“正月屋吉兆”学习9年。父亲过世后，继承了位于武藏小山老家的烤鸡肉串店“鸡将”。2004年，创立了自己的店，取名“赞否两论”。“赞否两论”一时间成为一桌难求的人气店铺，备受关注。2013年与2019年分别在名古屋与金泽开设了直营分店。所著食谱类书籍颇受欢迎，发行量累计超过100万册。

摄影 原 秀俊
广濑贵子
福尾美雪
邑口京一郎

出版发行：河南科学技术出版社
地址：郑州市郑东新区祥盛街 27 号　邮编：450016
电话：（0371）65737028　65788613
网址：www.hnstp.cn
策划编辑：李　洁
责任编辑：李　洁
责任校对：崔春娟
封面设计：张　伟
责任印制：张艳芳
印　　刷：河南瑞之光印刷股份有限公司
经　　销：全国新华书店
开　　本：787 mm×1 092 mm　1/16　**印张：**10　**字数：**250 千字
版　　次：2023 年 3 月第 1 版　2023 年 3 月第 1 次印刷
定　　价：78.00 元